Flash动画制作实训

图书在版编目(CIP)数据

Flash 动画制作实训 / 孙作范，刘剑锋编著. —— 哈尔滨：黑龙江大学出版社，2015.8
高等院校艺术类专业系列实验教材 / 唐衍武总主编
ISBN 978 - 7 - 81129 - 943 - 4

Ⅰ.①F… Ⅱ.①孙… ②刘… Ⅲ.①动画制作软件 -高等学校 - 教材 Ⅳ.①TP391.41

中国版本图书馆 CIP 数据核字(2015)第 227599 号

Flash 动画制作实训
Flash DONGHUA ZHIZUO SHIXUN

孙作范　刘剑锋　编著

责任编辑　李　丽　李　卉
出版发行　黑龙江大学出版社
地　　址　哈尔滨市南岗区学府路 74 号
印　　刷　哈尔滨市石桥印务有限公司
开　　本　880×1230　1/16
印　　张　5.25
字　　数　152 千
版　　次　2015 年 8 月第 1 版
印　　次　2015 年 8 月第 1 次印刷
书　　号　ISBN 978 - 7 - 81129 - 943 - 4
定　　价　16.00 元

总序

随着我国高等教育改革的不断深化，高等艺术教育也发生了重大变化。从人才培养模式的优化到教学内容与教学方法的改革，尤其是艺术学科课程体系的构建，已经发生了一系列的变革，朝着更有利于创新人才培养的方向发展。这些变革的突出特点是更加重视实验与实践教学，重视思维发展，重视创新精神与能力培养。

艺术创作活动同生产活动一样，这是人类主动变革自然、进行物质文明建设的一种创造性实践活动。就艺术学科本体特征而言，这是一门实践性很强的学科。艺术教学实验是艺术教育的重要组成部分，也是艺术实践活动，是根据教学目标而组织的教学活动，实验本身就是科学教育的重要内容，而不仅仅是辅助的教学手段和方法。艺术实验既是学习、体验和训练过程，也是探索、发现和创新过程，是一个培养学生动手、动眼、动脑的过程，是理论深化、认识提高、技能提高、掌握规律、发展思维、创造创新的艺术实践活动。通过实验教学，可以培养学生的兴趣、爱好、激发学习热情，培养操作技能，以及观察问题、分析问题和解决问题的能力，提升审美和创新能力，培养学生的科学态度、科学方法、掌握新技术、新材料、新工艺，也是提高教学质量的重要保证。

目前，针对高校艺术实验教学所出版的教材还不多见，从教材建设方面而言，还有很大的研究与拓展空间。有鉴于此，我们组织了教学一线富有经验的教师，针对艺术学科相关专业的实验教学编写了系列实验教材。该系列教材区别于传统的教材编写模式，其主要特点是突出操作，精简理论、强化动手、突出应用、图文并茂、对照学习，体现『看则懂、做则会、用则通』的教材特色。既是专业学习的教科书，亦是指导实践的操作手册，适用于高校专业实验教学使用，也适用于创作者实践参考。

本系列实验教材在哈尔滨学院领导及教务处的大力支持与指导下，黑龙江大学出版社给予的鼎力支持与帮助下，所有参编人员付出的艰辛和努力下，才得以如期出版。本系列教材所引用图片，文献均为教学、科研使用，原作者如有异议，敬请与主编联系，在此一并表示衷心的感谢。

主编 唐衍武

2015 年 7 月于哈尔滨

《Flash 动画制作实训》是一本通过实例对软件的操作进行讲解的 Flash 动画制作教材。其目的主要是对许多精心设计的 Flash 动画制作步骤详解，使学习者既能在短时间内学会 Flash 动画制作软件，又能将其运用于自己的动画创作实践。本书的意义是使初学者通过临摹式按步骤练习，掌握 Flash 中的各种工具及工具间的组合使用。

绝大多数国内外 Flash 教材，都是按软件的界面、工具箱、面板、菜单逐一介绍其功能、操作的。经过此种方式的学习，学习者虽然能够认识并掌握各种工具，但却很难在学习后将这些工具组合运用于自己的创作实践中。

《Flash 动画制作实训》主要包含认识 Flash 操作界面、角色描绘及其填色、卡拉 OK 变色字、放大镜中的放大字、参差摇曳的向阳花、虚拟三维地球旋转、振翅后滑翔的海鸥、一笔画鸭过程演示、绕树飞行的纸飞机、两只蝴蝶渐飞渐远、皮球自由落下弹起、汽车移动车轮旋转、时针分针旋转追逐、香烟火光闪烟缥缈、制作按钮控制播放、鼠标移动雪花飘落、骨骼绑定角色行走 17 个实训案例。

作者积累了十多年的 Flash 教学和创作实践经验，从 17 个生动的 Flash 动画制作实例入手，既避免了常规软件教学的枯燥，又使学习者对各工具之间的组合使用及其最终效果的实现有所掌握。这些实训案例的前后关系是层层递进的，如果没有掌握并理解前面一个实训案例，便很难完成其后的案例实训。此外，本书案例主要依据 Flash CS6 版本设置。对于仍然在使用 Flash CS3 及其之前的版本的学习者，除了"实训 17：骨骼绑定角色行走"外，其余的案例都可按步骤学习制作。

本教材适用于动画专业本科生、大专生，以及 Flash 动画爱好者。

孙作范老师在全书的编撰中主要负责审核和指导。刘剑锋老师则依据其自身教学经验对实例做了全面的讲解和分析。

最后，感谢哈尔滨学院艺术与设计学院的领导对本书的出版所给予的大力支持。

目　录

01　简　介

02　实训 1：认识 Flash 操作界面

07　实训 2：角色描绘及其填色

11　实训 3：卡拉 OK 变色字

13　实训 4：放大镜中的放大字

16　实训 5：参差摇曳的向阳花

20　实训 6：虚拟三维地球旋转

24　实训 7：振翅后滑翔的海鸥

27　实训 8：一笔画鸭过程演示

30　实训 9：绕树飞行的纸飞机

33　实训 10：两只蝴蝶渐飞渐远

36　实训 11：皮球自由落下弹起

39　实训 12：汽车移动车轮旋转

42　实训 13：时针分针旋转追逐

45　实训 14：香烟火光闪烟缥缈

48　实训 15：制作按钮控制播放

52　实训 16：鼠标移动雪花飘落

55　实训 17：骨骼绑定角色行走

59　常用快捷键

60　课外练习题

62　作品欣赏

72　结束语

简　介

　　20 世纪 90 年代中期，由乔纳森·盖伊率领的六人小组推出一款名为 Futre Splash Animator 的小软件。在那个网页设计以静态的位图模式为主的年代，这一款基于矢量图模式的动画软件，因其文件小、制作便捷、动画流畅而开始被一些专业人士关注。

　　1996 年，一家名为 Macromedia 的公司伺机收购这款软件，同时，将该软件名的前两个单词缩成一个单词 Flash（因为 Flash 译为闪，所以，中国互联网中把用 Flash 制作网络动画的人叫作闪客）。第二年，Macromedia 公司将动画脚本概念引入 Flash 软件，使其能在网站中产生交互性。收购两年半后，该软件版本已从 1.0 更新升级至 4.0，Flash 开始拥有了自己的独立播放器和独有的视频格式（.swf）。尽管该软件最初主要以制作网页动画为主，并与 Dreamweaver 和 Fireworks 并称为网页三剑客，但是，1999 年著名 Flash 独立创作人乔·希尔兹制作的一部互动短片《搅拌机里的青蛙》（*Frog in a Blender*）在网上获得每天上百万次的点击量。这只"倒霉"的青蛙让 Flash 软件名声大振。从 2000 年 8 月 Flash 5.0 版本面市开始，该软件已从单纯的网页动画制作延伸到网络动画短片制作。到了 Flash MX 2004 版本开始被广泛应用时，已经成为网络动画中坚力量的 Flash，又悄悄地将其势力范围延伸到了影视行业。Flash 制作在诸如 Warner Bros、Comedy Central 和 Cartoon Network 之类的多数制片公司都大行其道。通过适当的资产管理、新业务以及制作模型的利用，Flash 影视动画可以将制作成本压低至传统方法的成本的零头。因此，《Flash 好莱坞 2D 动画革命》的作者预言"Flash 将在未来的 2D 动画中扮演不可或缺的角色"。

　　也许正因如此，世界上最大的图形软件生产商——美国的 Adobe 公司于 2006 年斥 34 亿美元巨资收购了 Macromedia 公司，将其旗下的网页三剑客的版本名变更为 CS 系列。同年 12 月，Adobe Flash CS3 面市。自 Adobe Flash CS4 开始，骨骼绑定、模拟三维等工具的出现，使 Flash 软件的功能变得日益强大。

　　本书将通过精心设计的 17 个典型的 Flash 动画实训案例，让初学者快速掌握 Flash 动画制作方法。如果之前已掌握动画创作的相关专业知识，在经过此实训后，便可以运用 Flash 软件制作原创二维动画短片。

实训 1：认识 Flash 操作界面

1.1 认识 Flash 操作界面

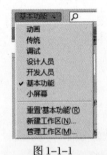

图 1-1-1

Flash CS4 版本以后的操作界面与以往有所不同，它为适应操作者的不同需求而设计了多个操作界面，图 1-1-1 中的操作界面为"基本功能"界面，点击其右下角的黑三角还可做其他选择。若已习惯了 CS3 版本的界面，可选择"传统"界面。即使如此，其界面也与原界面略有不同，即"属性"面板已从界面下方变为界面右方。

图 1-1-2 所呈现的是"基本功能"选项下的 Flash 操作界面。

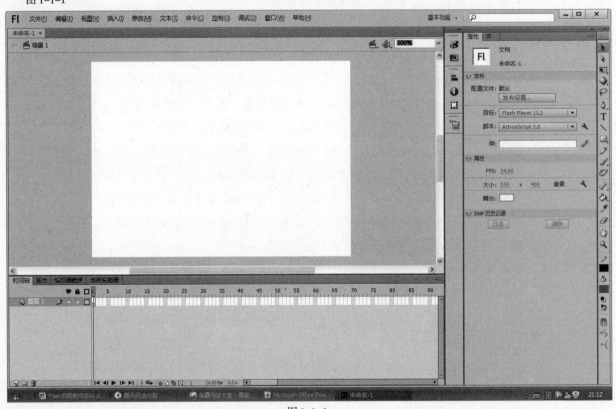

图 1-1-2

最上方主要是菜单区，点击任何一项，其下都包含许多功能。其中最常用的功能最好采用快捷键的方式操作，这样会大大提高制作效率。常用快捷键在本书末尾处列表呈现。

左侧最大一部分区域为舞台。其左上角包含当前文件名、场景名。其右上角包含快速选择场景和元件，以及视图显示比例。左侧下部主要包括图层和时间轴。在图层中，点击与其上眼睛图标相对应的白点是"隐藏/显示"该图层的所有图形；点击与其上锁形图标相对应的白点是"锁定/解锁"该图层（锁定时，该图层中的所有图形都不能移动或修改）；点击与其上方框图标相对应的白点是"显示 / 隐藏轮廓"（轮廓颜色为当前图层中方框内的颜色）。在多个图层状态下，分别点击如上三个图标，将对所有图层执行相应功能。以上这两部分是动画制作的核心。

中部为面板区。其中，左侧细长条部分为常用面板，自上而下依次为：颜色、样本、对齐、信息、变形等。右侧包含最重要的动态面板"属性"和"库"。之所以说"属性"是动态面板，是因为它不是一成不变的。它会因工具、动画、元件的不同而呈现出不同的选项和设置。而"库"则是 Flash 动画制作中最重要的功能，因为所有元件都将自动存入"库"中，可从中随时、重复调取。

最右侧是工具箱，下面会简要介绍工具箱中的工具。

1.2 认识工具箱中的工具

凡是工具箱中工具图标右下角有一小黑三角的，点击后其中会包含更多工具选项。工具箱中自颜色设置以下部分为动态工具区，这部分将会因为上面工具选择的不同而有部分衍生工具呈现。

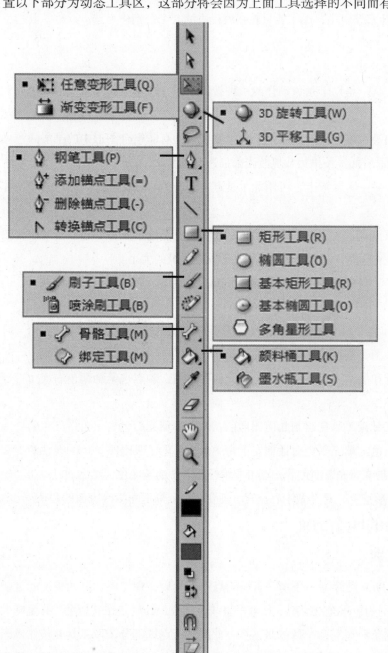

图 1-2-1

如图 1-2-1 所示，自上而下依次认识一下工具箱中的工具。

选择工具：主要用于选择图形、选择并移动图形、部分选择并分割非组合图形、选择曲线并点选（其衍生工具为优化曲线）。

部分选取工具：点击显示图形矢量路径，选择一个或多个矢量点进行位置或向量的改变。

变形工具：包含任意变形工具和渐变变形工具。前者主要是对图形外形的改变，如单向缩放、同比缩放、旋转、斜切、封套（此项只适用于非组合图形）。后者主要是对已填充的渐变色做中心位置、渐变范围、渐变角度等方面的调整。

3D 工具：包含 3D 旋转工具和 3D 平移工具。该工具主要是对二维图形做模拟三维变化。前者主要是对二维图形做三维旋转，后者主要是对二维图形做纵深移动时的透视缩放。

套索工具：主要用于对非组合图形做不规则图形选取、移动、分离。其下有衍生工具。

钢笔工具：主要用于描绘图形或绘制动画轨迹。其下包含添加锚点工具、删除锚点工具、转换锚点工具。

文本工具：主要用于录入文本。点选后，"属性"面板中会有许多相关设置，如字距、行距、字体等。

线条工具：主要用于画线。左手按住 Shift 键时，只能画水平线、垂直线或 45°斜线。用选择工具选择已画线条后，可通过"属性"面板对其"笔触"的宽度、线条样式、颜色等进行改变。

几何图形工具：可绘制基本几何图形，如矩形、椭圆形、多边形等。其下包含矩形工具、椭圆工具、基本矩形工具、基本椭圆工具、多角星形工具。点选这些工具后，还可配合其相应的"属性"面板做更复杂的设置和改变。左手按住 Shift 键，可绘制正方形或正圆形。

铅笔工具：可借助鼠标或数位板画线或图。该工具在使用数位板时不会有压感。其下的衍生工具包含伸直、平滑、墨水。伸直会将铅笔绘制中弧度较小的或转折较大的线自动变为直线或折线；平滑会把铅笔绘制中不流畅的线条做平滑处理；墨水会忠实地记录鼠标或数位笔运动的轨迹。

笔刷工具：可以像用毛笔一样画出富有粗细变化的线，尤其是结合数位板使用时，在点选笔刷工具后，需要再点击其下衍生工具中水珠点形的图标，这样画出的线就会因压感的不同而产生粗细变化。但笔的粗细的基本设置却不像 Photoshop 一样可以无级变化，操作者只能在所提供的 8 个级别中点选。此外，其衍生工具中还包括笔刷模式和笔刷形状等。

Deco 工具：是一种绘制装饰底纹的工具。

骨骼工具：包含骨骼工具和绑定工具。是用于角色动作的一种智能工具，技术不是非常成熟。因此，并不是所有动画制作都适于使用该工具。

颜色描填工具：包含颜料桶工具和墨水瓶工具。颜料桶工具主要是对已有非组合图形中的某块颜色做填充改变。墨水瓶工具主要是为已绘图形增加线条描边或更改当前描边颜色。

滴管工具：要想将某块颜色应用到另一个图形上，可用此工具点击该颜色（该颜色所属图形必须是非组合图形状态）。

橡皮擦工具：其衍生工具有橡皮擦模式、水龙头、橡皮擦形状。其中，点选水龙头后再点击非组合图形中某色块，即会将该颜色删除。橡皮擦形状中分别包括圆形和方形 6 个层级的大小。

手形工具：无论当前点选何种工具，只要按住空格键不放，按鼠标左键即可用手形工具移动视图，但前提必须是已放大的视图。

缩放工具：其衍生工具中包含放大和缩小两个功能图标。但建议使用快捷键——Ctrl + =（放大）、Ctrl + -（缩小）。若要最大化（100%）显示视图，则可按快捷键 Ctrl + 3。

笔触颜色：与线条工具、铅笔工具和墨水工具有关。在绘制几何图形前，若点选笔触颜色右上角带红色斜杠的图标，所绘图形将没有描边。

填充颜色：与笔刷工具和颜料桶工具有关。在绘制几何图形前，若点选填充颜色右上角带红色斜杠的图标，所绘图形将只有边框而没有填充色。填充颜色对话框左下角中最主要的工具是第一项的线性渐变和第二、三、四、五项的放射性渐变。绘制或填充渐变色后，点击非组合图形中的渐变色，然后通过点击"颜色"面板修改渐变色。也可使用渐变变形工具，对其做中心位置、渐变范围、渐变角度等方面的调整。

1.3 区分 Flash 中最容易混淆的四个方面

1.3.1 线条、铅笔与笔刷工具的区别

（1）用线条工具和铅笔工具按住 Shift 键绘制一条水平直线（点选工具后，在"属性"面板上的笔触一项中设置为 13）。同样，用笔刷工具按住 Shift 键绘制一条水平直线（点选工具后，在其衍生工具笔刷大小中点选第 5 个层级）。这时会产生两条看似完全一致的水平线。此时，若点选部分选取工具并按住鼠标左键自图形左上角拖到右下角后释放左键，所呈现的矢量路径则是完全不同的。线条或铅笔画的线，其矢

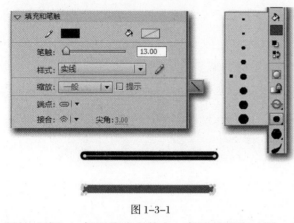

图 1-3-1

量路径是由两个矢量点连接的单一线；而笔刷所画的线，矢量路径是一个带四个圆角的闭合的线（图1-3-1）。因此，准确地说，线条或铅笔画的是线，笔刷画的是看似线的面。

（2）正因如此，对于线条和铅笔所画的线，通过点击选择工具，然后将鼠标箭头靠近线条，当鼠标箭头下方出现弧形时，按住左键向上推，可将直线变为曲线，但对笔刷所

画的"线"，却只能改变其中一条边的形态（图1-3-2上）。

（3）同样，操作者不能再为线条或铅笔所画的线添加轮廓线，除非在菜单中选择并点击"修改/形状/将线条转换为填充"，将其转换为"面"。相反，笔刷所画的"线"却可以添加轮廓线（图1-3-2下）。

图 1-3-2

（4）设置线条和铅笔的颜色需要点选笔触颜色，设置笔刷颜色则需要点选填充颜色。

1.3.2 非组合图形和组合图形的区别

（1）无论选择线条工具、几何图形工具、铅笔工具，还是笔刷工具，工具箱下方都有一个与其相对应的对象绘制工具。若不点选该工具，则所绘图形为非组合图形；若点选该工具，则所绘图形为组合图形。

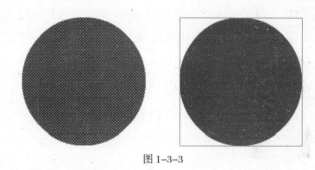

图 1-3-3

（2）用选择工具点击两个图形，非组合图形表面会呈现均匀排列的白点，组合图形的外边会出现一个蓝色的矩形框（图1-3-3）。

（3）相互转换：选择非组合图形，按快捷键 Ctrl + G，可将非组合图形转换为组合图形；选择组合图形，按快捷键 Ctrl + B，可将组合图形转换为非组合图形（这两个功能为菜单中的"修改/组合"和"修改/取消组合"。特别说明：尽管菜单中"取消组合"的快捷键是 Ctrl + Shift + G，但编者在实践中发现，菜单中"修改/分离"快捷键 Ctrl + B 同样可以达到"取消组合"的功能，且比取消组合快捷键更方便）。

1.3.3 "创建补间动画"、"创建补间形状"和"创建传统补间"的区别

（1）Flash CS6 中的"创建传统补间"就是 CS3 之前版本中的"创建补间动画"。而从 CS4 版本开始新增的"创建补间动画"与"创建传统补间"最大的不同是，当右键点击时间轴上的某一帧并"创建补间动画"后，如舞台上的图形还不是元件，界面会自动弹出提示必须转换为元件的对话框，此时点击确定即可。然后在该关键帧后会自动默认一个动画时长（呈淡蓝色），鼠标移至默认时长末端可向左或向右缩短或增加时长。此时，可点击时长范围内任意一帧，然后移动该元件图形，即可生成动画。与此同时，其移动路径也将呈现出来。制作者还可对路径进行相应的调整和改变（图1-3-4）。

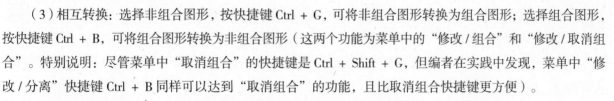

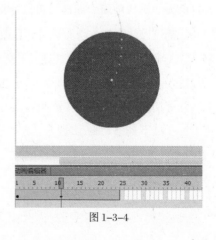

图 1-3-4

（2）"创建补间动画"只针对元件，而"创建传统补间"则适用于组合图形或元件，"创建补间形状"则只适用于非组合图形。

（3）"创建补间动画"和"创建传统补间"只能改变图形的大小、位置、角度、颜色（此项只适用于元件），"创建补间形状"不仅可以改变图形的大小、位置、角度、颜色，还可以改变其外在形态（图1-3-5，方形变成圆形。实例：第1帧画正方形，右键点击20帧选择插入关键帧，点选

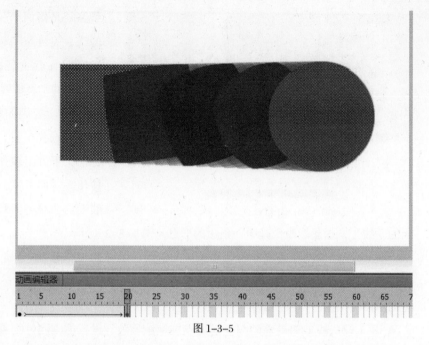

图1-3-5

20帧处红色正方形并按Delete键删除该图形，接着画一蓝色正圆。右键点击第1帧选择"创建补间形状"，按"回车"键）。

（4）在运用"创建补间动画"和"创建传统补间"功能对元件图形进行颜色改变时，可在属性面板中的色彩效果下进行相应的设置。而在"创建补间形状"中进行颜色改变时，点击该图形，其颜色的设置在颜色面板中（窗口／颜色）。

1.3.4 "图形"元件和"影片剪辑"元件

（1）"图形"元件中所做动画的帧长度受场景中时间轴上的帧控制，但"影片剪辑"元件中所做动画的帧长度则不受场景中时间轴上的帧控制。例如，"图形"元件和"影片剪辑"元件中都做了一个10帧的水平移动动画。若将"图形"元件拖入场景舞台，按Ctrl＋回车（测试影片），则该元件只停留在元件动画中的第1帧。若点击场景时间轴上的第5帧，并按F5键，或右键点击第5帧选择"插入帧"，按Ctrl＋回车（测试影片），则该元件将在移动到原动画一半的位置时跳回到第1帧。如果将"影片剪辑"元件拖入场景舞台，即便此时场景中只有1帧，按Ctrl＋回车（测试影片），呈现出来的也是完整的元件动画。

（2）在场景中，点击时间轴上的帧可通过敲击回车键直接观看所用"图形"元件动画，但"影片剪辑"元件在场景中的动画却只能通过Ctrl＋回车（测试影片）观看到。

（3）场景中，若拖入"图形"元件，可以使用"属性"面板中"循环"等功能，"影片剪辑"元件则不能；若拖入"影片剪辑"元件，可以使用"属性"面板中"滤镜"功能，"图形"元件则不能。但场景中所有元件都可以使用颜色功能进行颜色改变。

（4）"按钮"元件主要用于交互式动画中的按钮制作。其特点与"影片剪辑"元件基本一致，如，可通过按Ctrl＋回车（测试影片）看到其元件中设置的效果。场景中的按钮元件不能使用"属性"面板中"循环"等功能，但能使用"滤镜"。

在接下来的Flash实训中，学习者若不能清晰地了解以上四个方面的区别，就便很难全面掌握Flash软件。

实训 2：角色描绘及其填色

2.1 案例介绍

通过本案例的实训，可以基本了解 Flash 软件中的造型工具。在按照书中内容进行操作时，选择何种笔触颜色或填充颜色，可不受本案例影响。实训前，请将图 2-1-1 中的萌女孩角色造型草图扫描后存入将要工作的电脑中。

2.2 实训过程

新建文件。按 Ctrl+S（保存）并为其命名为"萌女孩"。点击菜单"文件 / 导入 / 导入到舞台"，将扫描文件"萌女孩"导入到舞台并保存。

图 2-1-1

用选择工具点击舞台上的"萌女孩"图，点击对齐图标（图 2-2-1）。勾选与舞台对齐（勾选后，其对齐方式以舞台四边为参照），分别点击水平居中和垂直居中。

图 2-2-1

用快捷键 Ctrl + = 放大视图后，按住空格键，用手形工具将视图移至腿脚部分。点选"图层 1"与其上方锁形图标对应的白点（锁定该图层）。然后，点击图层左下角"新建图层"，双击新建图层名称，重新命名为"腿脚"（也可右键点击

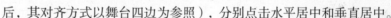

该图层，选"属性"，并在弹出的对话框中更改图层名）（图 2-2-2）。

图 2-2-2

图 2-2-3

依次点选线条工具、笔触颜色、描绘对象和贴紧对象（后两项点选后，图标背景呈深灰色。点选描绘对象，遇到线与线交叉时不会粘在一起。选择贴紧对象时，在画第二条线时，只要鼠标接近上一条线的某个端点，第二条线的起始点就会自动与该端点位置重合）（图 2-2-3）。接下来，便可如图 2-2-4，用直线描绘完成"萌女孩"的腿脚。

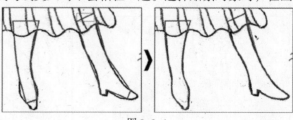

图 2-2-4

然后，点选选择工具，当鼠标移近某一线段时，光标右下角会出现一个弧形，此时按住鼠标左键推拉，即可按需要将其转变为曲线（图 2-2-4）。所有腿脚描线处理完成后，按 Ctrl + A（全选）、

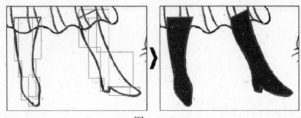

图 2-2-5

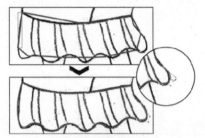

图 2-2-6

Ctrl + B（解组），线条颜色表面呈均匀排列的白点。将光标移至描线外点按左键。在填充颜色对话框中选择颜色，再点选颜料桶工具，并依次将光标移至两条"腿"的描线内，点按左键，腿脚颜色即被填充（图 2-2-5）。

按上按上述方法，可先后新建两个图层，描绘"裙子"、"上衣"、"围脖"。如果用选择工具改变曲线仍不能达到预想效果，可点选部分选取工具调整向量的长度和角度（图 2-2-6）。在描绘"糖葫芦"时，可点选基本几何工具中的椭圆工具，并点选填充颜色对话框右上角带红色斜框的图标。若画出的大小不合适，还可点选任意变形工具对其进行横向或纵向调整（图 2-2-7）。

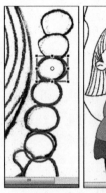

图 2-2-7

每一图层描线完成后，都需按 Ctrl + A（全选）、Ctrl + B（解组）、填色。为便于描绘"围脖"，可先隐藏"上衣"图层。"围脖"填充

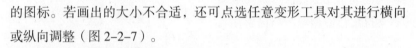

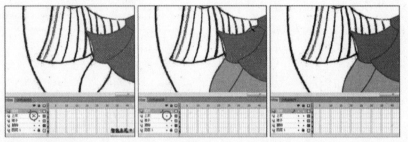

图 2-2-8

颜色后，再次显示"上衣"图层，若出现图 2-2-8 的下一图层的衣角超出上一图层的围脖的情况，可点选选择工具，并将鼠标移到超出的尖角处，此时光标右下角会出现一个直角，按住鼠标左键向下拖即可隐藏该尖角。

按照已经掌握的方法新建图层"头"，描绘头发、脸、鼻头、嘴的轮廓，按 Ctrl + A（全选）、Ctrl + B（解组）。然后，新建图层（不更改图层名称），并描绘眼睛的外轮廓（不含眼球）。描绘完眼睛后，按 Ctrl + A（全选）、Ctrl + G（组合）、Ctrl + C（复制）、Ctrl + V（粘贴），将新复制的眼睛移到右边，点选菜单中的"修改/变形/水平翻转"，再点选工具箱中的任意变形工具，并将变形框的中心点移至"内眼角"，再将鼠标移到框的右上角，此时光标会转变成一个有着双向箭头的弧形，此时按住鼠标旋转到合适角度。如位置不理想，还可将鼠标移到框内，按住鼠标左键任意移动。完成后，按快捷键 Ctrl + B（解组），并点选选择工具，选择"眼眉"，按 Ctrl + G（组合）。用任意变形工具调整角度（图 2-2-9）。按 Ctrl + A（全选两只眼睛及眼眉），点选图层"头"，按 Ctrl + X（剪切）、Ctrl + Shift + V（粘贴到当前位置）。点选笔刷工具，

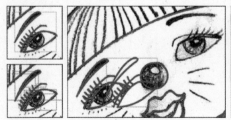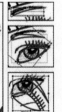

图 2-2-9

选择填充颜色，分别描绘出女孩脸上化妆的猫胡须（图 2-2-10）。再分别为脸、嘴、头发填充颜色。解组"眼眉"，并为其填充颜色。

图 2-2-10

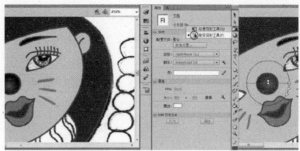

图 2-2-11

点选点选颜料桶工具及填充色中左下角的红色放射性渐变色，将鼠标移至"鼻头"上方点按左键填充渐变色，再点选渐变变形工具，按住其中心点略往上移，并按住右侧带斜线箭头的圆点向外拖，从而将渐变色中的深色区隐藏到"鼻头"外（图2-2-11）。

图 2-2-12

在曾用于描绘眼睛的图层中描绘"头发"。然后，按 Ctrl + A（全选），点选图层"头"，按 Ctrl + X（剪切），点选图层"头"，Ctrl + Shift + V（粘贴到当前位置）、Ctrl + B（解组）。将鼠标移到空白处点击，然后依次点击出头的线，并按 Delete 键删除（图 2-2-12）。

将先将先后用于描绘眼睛和头发的图层名称改为"眼球"。用画"鼻头"的方法画"眼球"的晶状体，然后，分别点选椭圆工具、填充颜色、描绘对象，绘制"瞳孔"及高光。点选"晶状体"部分的黑白放射性渐变后，点击颜色面板，改变渐变颜色。完成后，按 Ctrl + A（全选）、Ctrl + G（组合）。用矩形工具（选对象绘制）

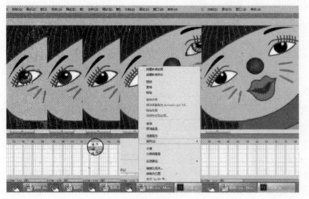

图 2-2-13

画一块可以完全遮住"眼睛"的白色矩形，右键点击此矩形，点选"排列/移至底层"。再次使用快捷键 Ctrl + A（全选）、Ctrl + G（组合）。左手食指按住 Alt 键，将鼠标移到"眼睛"范围内，按住左键拖动（此动作相当于复制、粘贴），将复制的眼球移到右边合适的位置。按住"眼球"图层并将其拖到头的图层下面（图2-2-13）。

全部描绘完成后，点击图层 1 与眼睛图标对应的白点（隐藏该图层），在确认没有图层被锁定后，按 Ctrl + A（全选），然后点选笔触颜色中的黑色（图 2-2-

图 2-2-14

图 2-2-15

14）。将鼠标移到空白处点击一下。点选填充颜色选择条纹颜色后，再点选笔刷工具，并在其下衍生工具中的"笔刷模式"中选择"颜料选择"。用鼠标依次点选围脖、裙子，并为其画条纹，绘制时尽可以超范围绘画，"颜料选择"不会让操作者的绘画在颜料选择范围以外的区域呈现（图2-2-15）。

最后，新建图层"猫"。用笔刷工具画出猫的"眼睛"和"鼻子"，用画围脖条纹的方法画出猫的"眼球"，用线条工具画出猫的"嘴"和"胡须"。按 Ctrl + A（全选）、Ctrl + G（组合）后，用"笔刷模式"中的"标准绘画"画出猫的"头"（不选对象绘制）（同一图层中，所绘非组合图形永远不能遮盖已绘组合图

图 2-2-16

形）。接下来，用"笔刷模式"中的"后面绘画"依次画出猫的"身体"和"尾巴"（无论用笔刷如何涂抹，只要选择"后面绘画"，所画图形都不会出现在之前所画图形上方）（图 2-2-16）。

点击图层 1，点击图层右下角"垃圾桶"图标，删除图层 1 中的扫描图像。保存（在操作过程中，应随时按 Ctrl + S 保存）（图 2-2-17）。如需要，也可通过菜单"文件 / 导出 / 导出图像"导出其他格式的文件。

图 2-2-17

2.3 实训结语

本实训涵盖了绝大多数 Flash 造型工具，如能按部就班地完成本实训，并深入理解每个工具使用时的效果和操作技巧，学习者便会很快掌握这些常用的造型工具。

实训 3：卡拉 OK 变色字

3.1 案例介绍

通过本案例的实训，可以初步了解并掌握图层中遮罩功能的使用。

3.2 实训过程

打开 Adobe Flash CS6 软件，点击"ActionScript 3.0"新建文件（图 3-2-1）。按 Ctrl + S（保存），命名为"变色字"（如已在操作界面，可直接按快捷键 Ctrl + N 新建）。

点击工具箱中的文本工具。在其相对应的属性面板中，点击"字符"左侧 ▼ 展开下拉框，在"系列"一项后选择字体"仿宋 _ GB2312"（点击字体右侧 ▼ 查找预选字体）。将"大小"一项设置为 36 点。

图 3-2-1

图 3-2-2

点击"段落"左侧 ▼ 展开下拉框，选择居中编排方式。然后，点击舞台左侧，输入《青花瓷》中的一句歌词"天青色等烟雨，而我在等你"（图 3-2-2）。点选工具箱中的选择工具，移动鼠标点选"歌词"边框（或按住左键从"歌词"左上角移至右下角并释放左键），然后点击对齐图标，勾选"与舞台对齐"并分别点击垂直居中和水平居中（图 3-2-3）。

两次点击图层下方新建图层图标，在"图层 1"上方新建两个图层。

图 3-2-3

图 3-2-4

点选"舞台"上的"歌词"。按快捷键 Ctrl + C（复制），再点击最上面的图层，按快捷键 Ctrl + Shift + V（粘贴到当前位置）。此时，可点击图层 1 与上方"眼睛"图标相对应的白点，舞台中的歌词仍在原位置显示，说明已将歌词复制到"图层 3"，且与"图层 1"的位置完全一致。再次点击该圆点以恢复"图层 1"的视图显示，与此同时，"图层 1"圆点上的红叉消失。依次双击各图层名称，自上而下，分别更改为遮罩字、变色色块、原色字（图 3-2-4）。

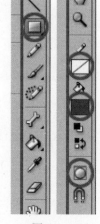
图 3-2-5

点击点击"变色色块"图层，然后依次点选工具箱中的矩形工具（不选绘制对象）、笔触颜色（点选右上角带红色斜杠图标）、填充颜色（图 3-2-5），然后在字的最左边画一个矩形，其高度比字略高（图 3-2-6）。

图 3-2-6

分别用右键点击"遮罩字"和"原色字"图层时间轴上第60帧，并点选插入帧（图3-2-7）（也可左键点击第60帧，并按快捷键F5）。用右键点击"变色色块"图层时间轴上的第60帧，并点选插入关键帧（也可左键点击第60帧，并按快捷键F6）。

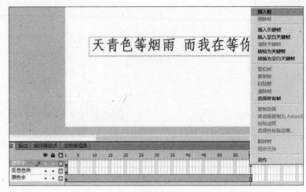

图3-2-7

左键点击"变色色块"图层时间轴上的第60帧，点选任意变形工具，按住变形框右侧中间的小方点向右拖拽，直至该色块完全遮住原色字图层中的字。

右键点击"变色色块"图层时间轴上任意帧，点选"创建补间形状"，回车检查色块拉伸的动画是否有问题。右键点击"遮罩字"图层，点选遮罩层。按 Ctrl + S（保存）。Ctrl + 回车（测试影片）（图3-2-8）。

图3-2-8

3.3 实训结语

本实训比较简单，但需要知道的是：用作遮罩层的字或图形将不会显示在舞台上，它会遮挡住被遮罩图层（遮罩层）中字或图形以外的部分。即遮罩后，被遮罩图层中的图形或动画只能透过遮罩层的字或图形显示出来，但遮罩层不能影响下面未被遮罩的图层。对遮罩层的理解，还需通过另外两个实训才能更进一步地加深。

实训 4：放大镜中的放大字

4.1 案例介绍

同样是用遮罩层功能，同样有两个图层的内容相同的文字，这个实训案例与上一个实训案例却有着很多微妙的差异。它会进一步加深学习者对遮罩功能的认识和理解。

4.2 实训过程

打开 Adobe Flash CS6 软件，点击"ActionScript 3.0"新建文件。按 Ctrl + S（保存），命名为"放大镜中的放大字"（如已在操作界面，可直接按快捷键 Ctrl + N 新建）。

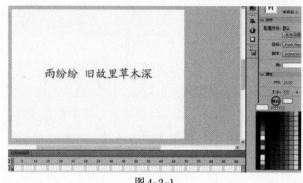

图 4-2-1

点击点击"属性"面板中"舞台"右边的色块选择颜色（此颜色并非是一个具体图形的填充色，因此，不可以缩放、旋转、移动，也不单独占据一个图层）。点击文本工具。在其相对应的"属性"面板中，点击"字符"左侧 ▼ 展开下拉框，在"系列"一项后选择字体"楷体 _ GB2312"（点击字体右侧 ▼ 查找预选字体）。将"大小"一项设置为 36 点（图 4-2-1）。点击"段落"左侧 ▼ 展开下拉框，选择居中编排方式。

然后，点击舞台左侧输入《烟花易冷》中的一句歌词"雨纷纷，旧故里草木深"。点选工具箱中的选择工具，选择这句歌词，然后点击对齐图标，勾选"与舞台对齐"并分别点击垂直居中和水平居中。更改图层默认名称为"原大字"。

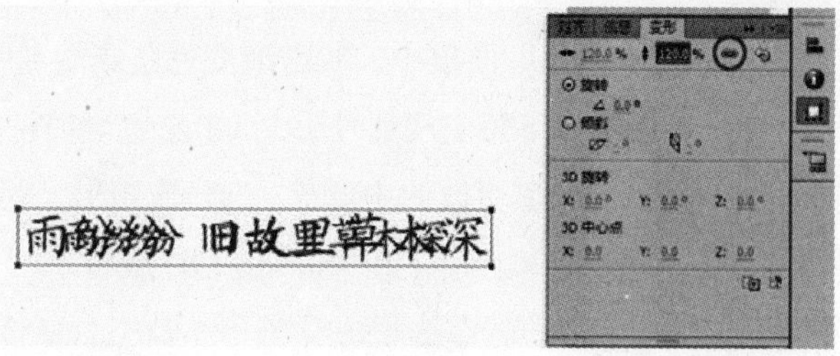

新建图层，同时更改图层默认名称为"放大字"。选择"原大字"图层中的文字，按快捷键 Ctrl + C（复制），点击"放大字"图层，按快捷键 Ctrl + Shift + V（粘贴到当前位置）。选择"放大字"图层中的文字，点选"变形"面板，点击图标（即同比例缩放），

图 4-2-2

将文本框放大到 120%（图 4-2-2）。用选择工具，按住 Shift 键向右水平移动到两个图层的"雨"的位置基本相当（图 4-2-3）。

图 4-2-3

点击填充颜色工具，将变成"吸管"的光标移到舞台，点击左键选取与舞台相同的颜色。点选矩形工具、笔触颜色工具中右上角带红色斜杠的图标绘制对象。在"放大字"图层画一个长长的矩形，足以完全遮挡住"原大字"图层中的字。右键点击此矩形并点选"排列 / 移至底层"（此时画面中的蓝色框只表示该矩形为组合图形，用鼠标点击空白处即消失，图 4-2-4）。

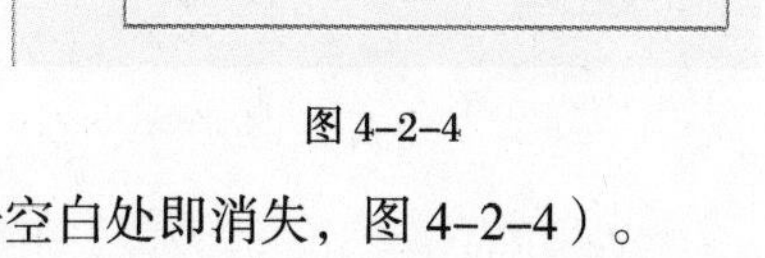

图 4-2-4

新建图层并更改其默认图层名称为"放大镜遮罩"。任意选取一个填充色，点选椭圆工具，在字的左边按住 Shift 键，画一个无边的实心正圆（图4-2-5）。

图4-2-5

新建图层并更改其默认图层名称为"放大镜"。选择"放大镜遮罩"图层中的正圆，按快捷键 Ctrl + C（复制），点击"放大镜"图层，

图4-2-6

按快捷键 Ctrl + Shift + V（粘贴到当前位置）。鼠标点击空白处。选择笔触颜色工具中的黑色。点选墨水瓶工具，并将光标移到"放大镜"图层中的正圆内，点按左键为其添加黑色描边。用选择工具点选黑色描边，更改笔触宽度为7（图4-2-6）。点击圆中色，点选填充颜色工

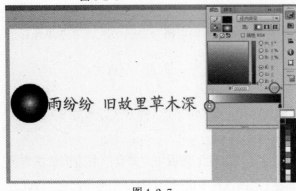

图4-2-7

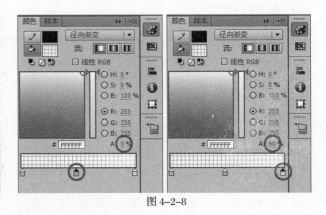

图4-2-8

具中的黑白放射性渐变，然后点击"颜色"面板，点击渐变色左端下方白色块，并更改 A（Alpha）值为0，即完全透明；双击渐变色右端下方黑色块，将其改为白色，并更改 A（Alpha）值为60，即不完全透明；将鼠标移到渐变色条下方中心位置，当光标右下角出现加号后，点击左键增加新的过渡渐变色阶，更改 A（Alpha）值为0（图4-2-7、4-2-8）。

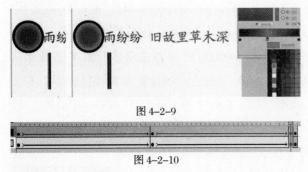

图4-2-9

图4-2-10

点选填充颜色工具中的黑白线性渐变，画一个无描边矩形（图4-2-9）。用选择工具点击填充的渐变色，在"颜色"面板中，双击渐变色左侧端点的白色块将其更改为黑色。将鼠标移到渐变色条下方中心位置，当光标右下角出现加号后，点击左键增加新的过渡渐变色阶，双击该色块，并将其更改为中度灰。选择该矩形，点开"变形"面板，在"旋转"选项下输入"-30"（即逆时针旋转30°）（图4-2-10）。

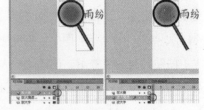

图4-2-11

选择该矩形按 Ctrl + G（组合），用选择工具将其移到图的位置，右键点选"排列/移至底层"。点击点击该图层第1帧（点击某一图层中的某帧，相当于全选该帧上该图层的所有图形），按 Ctrl + G（组合）。点击"放大镜遮罩"图层中的第1帧，按 Ctrl + G（组合）（图4-2-11）。

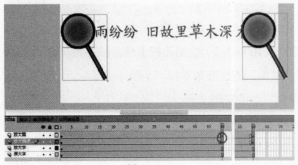

图4-2-12

分别用右键点击"放大镜"图层和"放大镜遮罩"图层中的第60帧，点选插入关键帧。分别用右键点击"放

大字"图层和"原大字"图层中的第 60 帧，点选插入帧。

点击"放大镜"图层中的第 60 帧，左手按住 Shift 键，点击"放大镜遮罩"图层。确认两个图层的第 60 帧全都选定后，释放 Shift 键。再次按下 Shift 键，用选择工具将两个图层的图形水平移动到舞台右侧（图 4-2-12）。

依次右键点击"放大镜"图层和"放大镜遮罩"图层中 60 帧内的任意帧，选择"创建传统补间"。最后，右键点击"放大镜遮罩"图层，点选遮罩层。按 Ctrl + S（保存），Ctrl + 回车（测试影片）（图 4-2-13）。

图 4-2-13

4.3 实训结语

若学习者能在认真完成本实训的练习后，与卡拉 OK 变色字的实训相互对照，并感受其中的异同，且能独立完成这两个实训，便说明学习者已基本掌握遮罩功能的使用。

实训 5：参差摇曳的向阳花

5.1 案例介绍

"图形"元件的使用在 Flash 动画制作中极为重要。利用好"图形元件"不仅可以使一个包含单循环运动的"图形元件"做多次重复运动，而且还可以控制与之相对应的"图形元件"起始帧的时间点。本案例的实训，会让学习者对这一重要功能有一个直观认识和感受。

5.2 实训过程

打开 Adobe Flash CS6 软件，点击"ActionScript 3.0"新建文件。按 Ctrl + S（保存），命名"参差摇曳的向阳花"（如已在操作界面，可直接按快捷键 Ctrl + N 新建）。

在菜单中点选"插入 / 新建元件"，在弹出对话框中"名称"一栏输入"向阳花"。在下面"类型"后，点选"图形"（图 5-2-1）。

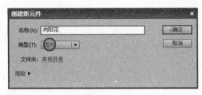

图 5-2-1

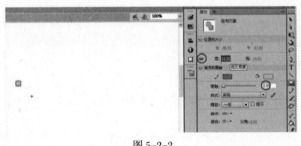

图 5-2-2

点选椭圆工具绘制对象（图 5-2-2），设置笔触颜色、填充颜色、笔触大小，按 Shift 键画一正圆，然后点选"位置和大小"中"宽"前的锁链图标（如此只需更改宽、高中任意一个数值，另一数值则同比更改），并将宽度改为 16。将图层名改为"花芯"。按快按快捷键 Ctrl + Shift + Alt + R（也可在菜单中点选"视图 / 标尺"）（如感觉所画圆形太小，可多次按快捷键 Ctrl + =，放大视图至合适大小），用任意变形工具点击所画圆形，将光标移至上方标尺处，按住鼠标左键向下拖拽，使水平辅助线移至图 5-2-3 位置。同样，将光标移至左侧标尺处，按住鼠标左键向下拖拽，使垂直辅助线移至图 5-2-3 位置。

图 5-2-4

新建新建图层并更名为"花瓣"。点选椭圆工具（不选绘制对象），绘制一个非组合图形的椭圆形。

锁住"花芯"图层，用选择工具选择所画"花瓣"（图 5-2-4），设置其图形大小和笔触大小。

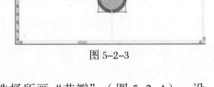

图 5-2-3

解锁"花芯"图层，用选择工具同时选择两个图层的图形，点选"对齐"面板中的"水平居中"。点击"花瓣"图层并点选任意变形工具，将光标移至其中心圆点处，按住鼠标左键拖拽，使其与辅助线的交叉点重合。然后，点开"变形"面板，在"旋转"一栏中将旋转角度设置为 20。接着连续点击"变形"面板右下角的"重

图 5-2-5

图 5-2-6

制选区和变形"图标（图 5-2-5），直到如图 5-2-6 中左图所示，然后，按住"花瓣"图层，将其拖至"花芯"图层下方（图 5-2-6 中的右图）。

菜单中点选"插入/新建元件"，在弹出对话框中"名称"一栏输入"茎动"。在下面"类型"后点选"图形"。将图层 1 更名为"花茎"，新建图层并更名为"向阳花"。点击"库"面板，将"库"中的"向阳花"图形元件拖入"向阳花"图层（图 5-2-7）。在"花茎"图层，用线条工具（不选绘制对象）沿花的中心点，按 Shift 键垂直画一条绿色的直线（图 5-2-8）。

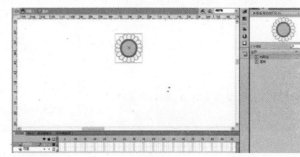

图 5-2-7

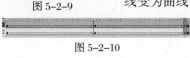

图 5-2-9

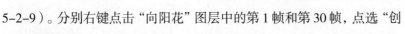

图 5-2-10

依次右键点击两个图层中的第 60 帧、第 30 帧，点选插入关键帧。点击"花茎"图层中的第 30 帧，点选选择工具，将光标移至绿色直线旁，当光标右下角出现弧形后，按住鼠标左键拖拽，使其由直线变为曲线。然后点击"向阳花"图层中的第 30 帧，点选任意变形工具，将舞台中的"花"略做逆时针旋转（图 5-2-9）。分别右键点击"向阳花"图层中的第 1 帧和第 30 帧，点选"创建传统补间"；分别右键点击"花茎"图层中的第 1 帧和第 30 帧，点选"创建补间形状"（图 5-2-10）。

图 5-2-8

如此，便制作完成了一个从第 1 帧的直立，到第 30 帧的弯曲，再到第 60 帧的直立（与第 1 帧完全相同）。但当我们使用此元件做重复循环运动时，便会出现一个问题，当它运到第二个循环周期时，其第 1 帧与之前的第 60 帧位置、形态完全一致。这样一来，每当循环运动一个周期时，都会因这重复的一帧而产生一个短暂的停顿，视觉上也会因此而产生"跳"的感觉。为了避免这样的情况发生，我们可以依次按住第 60 帧的关键帧将其拖到第 61 帧，再分别右键点击第 60 帧插入关键帧。此时的第 60 帧恰好是将要回复至第 1 帧状态前的状态。按住 Shift 键，连续点击两个图层中的第 61 帧（相当于全选两个图层中的第 61 帧），然后右键点选"删除帧"（图 5-2-11）。

图 5-2-11

点击第 1 帧按回车播放动画时会发现，由于上述加减帧，"花茎"图层第 30 帧到第 60 帧的变化产生混乱（图 5-2-12）。要解决这个问题，需先点击该图层的第 30 帧，再点选菜单中的"修改/形状/添加形状提示"（图 5-2-13）。这时，舞台上会出现一个带圆圈的 a，将光标移到它的上方，按住鼠标左键将其移至曲线的上方端点。再次点选"添加形状提示"，舞台上又会出现一个带圆圈的 b，以上述相同方式将其移至曲线下方端点。点击"花茎"图层第 60 帧，直线上会出现一个带圆圈的 b，将其移至直线下方端点。此时，学习者会

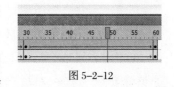

图 5-2-12

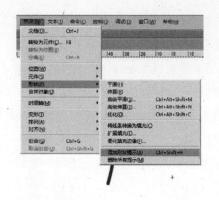

图 5-2-13

发现，线上还有一个带圆圈的 a，以同样的方法将其移至直线的上方端点。按回车，从 30 帧到 60 帧的变形动画已不再发生混乱（图 5-2-14）。

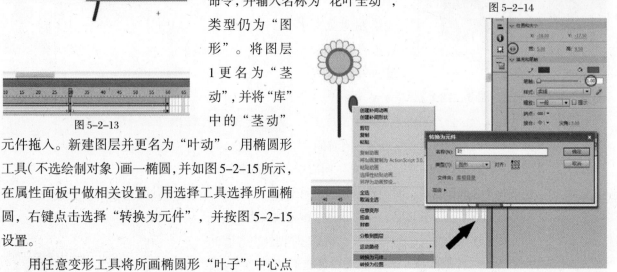

图 5-2-14

再次再次使用"插入 / 新建元件"命令，并输入名称为"花叶全动"，类型仍为"图形"。将图层 1 更名为"茎动"，并将"库"中的"茎动"元件拖入。新建图层并更名为"叶动"。用椭圆形工具（不选绘制对象）画一椭圆，并如图 5-2-15 所示，在属性面板中做相关设置。用选择工具选择所画椭圆，右键点击选择"转换为元件"，并按图 5-2-15 设置。

图 5-2-15

图 5-2-16

用任意变形工具将所画椭圆形"叶子"中心点移到下方，然后将光标移到"叶子"的右上角，当光标变成带箭头的弧形时，按住鼠标左键做适当的旋转，再将光标移到"叶子"中间，并按住鼠标左键将其移到图 5-2-16 的位置。新建图层，左手按住 Alt 键，右手将光标移到"叶动"图层第 1 帧并按住鼠标左键，当光标右下角出现加号后，将"叶动"图层第 1 帧拖至新建图层第 1 帧。此时新建图层名称已自动变更为"叶动"，其第 1 帧也由空心圆点（空白关键帧）变更为黑色实心圆点（关键帧）。再次使用任意变形工具将新建图层中的"叶子"旋转移动到图 5-2-17 的位置。

图 5-2-17

用任意变形工具将"茎动"图层中的"茎动"图形元件的中心移到"叶茎"下方的端点，如图 5-2-18 所示。分别用右键点击各图层第 30 帧、第 61 帧，点选"插入关键帧"。对"茎动"图层中的"茎动"图形元件做适当的逆时针旋转，并对两个"叶动"图层中的"叶子"做适当的旋转和位置移动。分别用右键点击各图层第 1 帧、第 30 帧，点选"创建传统补间"。

图 5-2-18

点击舞台左上角场景，点击菜单中的"文件 / 导入 / 导入到舞台"，导入一幅备用的蓝天图片。将图层更名为"蓝天背景"。按图 5-2-19 在"属性"面板中做相关设置，使其与 Flash 默认的舞台大小（宽 550 像素、高 400 像素）相吻合。为了让背景所用照片与花的绘画风格保持一致，可将其转变为矢量图。其方法是点击该背景图，点选"修改 / 位图 / 转换位图为矢量图"，对所弹出的对话框做如图 5-2-20 的设置（对话框

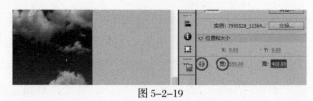

图 5-2-19

中包含两个数字设置和两个选项。颜色阈值和最小区域所设数值越小，角阈值和曲线拟合中的选项越靠近上方，所转换成的矢量图越接近原图，但电脑在处理时所花费的时间也会越长，甚至有可能导致配置特别低的电脑死机）。

图 5-2-20

新建图层并更名为"花丛"。将"库"中"花叶全动"图形元件插入舞台下方，左手按住 Alt 键，右手将光标移到新拖入的图形元件上，按住鼠标左键，当光标右下角出现加号后，水平拖拽便复制、粘贴出一个新的"花叶全动"。重复复制一排后，再以同样的方法

图 5-2-21

在其下方复制一排。分别点击其中的每一个"花叶全动"，并在属性面板中"循环"下的"第一帧"后输入 1 至 60 中的任意数值（如果设置 9 并回车，此时呈现的便是"花叶全动"元件中第 9 帧时的状态，且将从第 9 帧开始它的动画循环）（图 5-2-21）。所有"花叶全动"中的"第一帧"设置完成后，分别用右键点击两个图层中的第 60 帧"插入帧"。按 Ctrl + S（保存），Ctrl + 回车（测试影片）（图 5-2-22）。

图 5-2-22

5.3 实训结语

通过这个案例，学习者要学习并理解使用图形元件时设置"第一帧"数值的方法和效果。同时，还应借此掌握制作花瓣时所采用的"重制选区和变形"（变形面板中）功能，以及在处理变形动画出现混乱时所采用的"添加形状提示"功能（菜单"修改 / 形状 / 添加形状提示"）。

实训6：虚拟三维地球旋转

6.1 案例介绍

通过本案例的实训，可以进一步巩固之前所学的遮罩功能，加深对"第一帧"功能的认识及理解，以便为今后灵活运用打下坚实的基础。

6.2 实训过程

打开 Adobe Flash CS6 软件，点击"ActionScript 3.0"新建文件。按 Ctrl + S（保存），命名为"虚拟三维地球旋转"（如已在操作界面，可直接按快捷键 Ctrl + N 新建）。

建四个图层，自下而上依次更名为"遮罩层"、"经线"、"纬线"、"放射性渐变"。点击"放射性渐变"图层，用椭圆形工具（不选绘制对象）画一个无填充色正圆。用选择工具选择该圆，通过属性面板将其大小设置为 250 像素。在对齐面板中勾选"与舞台对齐"，并点选垂直居中和水平居中。按 Ctrl + A（全选）、Ctrl + C（复制），然后依次点击以下各图层第 1 帧，并按快捷键 Ctrl + Shift + V（粘贴到当前位置）（图 6-2-1）。

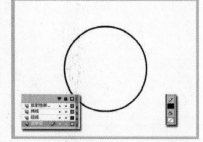

图 6-2-1

隐藏下面三个图层，点击"放射性渐变"图层，点选填充颜色中的"黑白放射性渐变"图标，选择颜料桶工具，并将光标移至圆内，点鼠标左键填充。用选择工具点选已填充渐变色，并点开颜色面板，将白色的 A 值设置为 0（完全透明），将黑色的 A 值设置为 60（半透明）（图 6-2-2）。

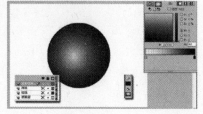

图 6-2-2

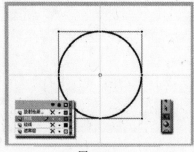

图 6-2-3

显示显示"纬线"图层，隐藏其他三个图层。按 Ctrl + Alt + Shift + R（显示标尺），用任意变形工具选择"纬线"图层中的圆中，从上方和左侧标尺中分别向下、向左拖拽出辅助线，使其交叉于圆心（图 6-2-3）。用线条工具，在点选绘制对象的前提下，依次在圆内画出三条水平线（其中一条穿过圆心）。用选择工具局部选取三条直线，点选对齐面板中的垂直居中分布（不勾选与舞台对齐）。将光标移到空白处点击左键。再次利用选择工具，将光标移至最上面的直线，当光标右下角出现弧线后，按住鼠标左键向下拖拽，将直线变弧线。依此方法将中间的直线也变成弧线。再次用任意变形工具局部选取两条弧线，按 Ctrl + G（组合）、

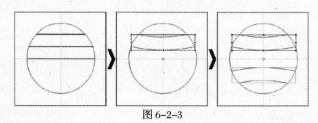

图 6-2-3

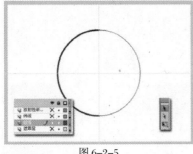

图 6-2-5

Ctrl + C（复制）、Ctrl + Shift + V（粘贴到当前位置），将中心移至圆的中心（即辅助线的交叉点），点选菜单中的"修改 / 变形 / 垂直翻转"（图 6-2-4）。

显示显示"经线"图层，隐藏其他三个图层。用选择工具划选左半个圆。按 Delete 键删除（图 6-2-5）。选择另一半，并用右键点选"转换为元件"（图 6-2-6）。在弹出的对话框的名称一栏输入"经线"，类型则选择"图形"。用选择工具双击此半圆的弧线，此时进入"经线"元件（舞台左上角场景名右侧会出现图形元件图标和元件名）。右键点击第 40 帧，点选"插入关键帧"。用任意变形工具选择半圆，将中心点移至圆心，点选菜单中"修改 / 变形 / 水平翻转"。右键点击第 1 帧，点选"创建补间形状"（图 6-2-7）。

图 6-2-6

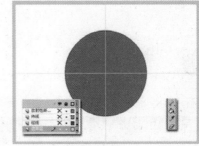

图 6-2-7

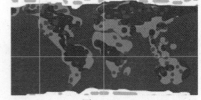

图 6-2-8

显示"遮罩层"图层，隐藏其他三个图层。用颜料桶工具为该图层的圆任意填充一个颜色（图 6-2-8）。

在"遮罩层"图层上新建图层，并更名为"地图"。用矩形工具画一个蓝色矩形。用选择工具点击该矩形，并通过属性面板将其大小设置为：宽 500 像素，高 250 像素。

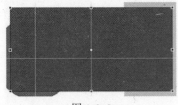

图 6-2-9

用任意变形工具点选该矩形，从标尺左侧拖拽辅助线至矩形水平中心位置（图 6-2-9）。

点选点选笔刷工具选择适当的笔刷大小，选择颜料（笔刷模式），选择颜料桶颜色。用选择工具点选蓝色矩形，绘制地图中的某个部分。画完后，用选择工具在空白处点击一下，更换颜料桶颜色，再次用选择工具选择矩形，绘制地图另一部分。如此反复，直至完成如图 6-2-10 中的地图。

隐藏"遮罩层"，用选择工具自"地图"左上角按住左键向右下方划至"地图"下方垂直辅助线处（即选择"地图"的左半部分）。左手按住 Alt 键和 Shift 键，右手将光标移至所选图中，并按住鼠标左键复制、水平移动、粘贴至地图右端与已绘制的地图连成整体（图 6-2-11），按 Ctrl + G（组合）。

显示"遮罩层"图层，并将"地图"图层拖到"遮罩层"图层下方。用选择工具全选两个图层中的图形，点选对齐面板中的左对齐和底对齐（图 6-2-12）。显示"经线"图层，隐藏其他图层。自最上面的图层开始，依次用右键点击每个图层中的

图 6-2-12

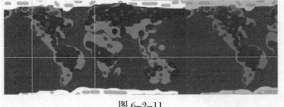

图 6-2-11

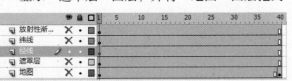

图 6-2-13

第40帧，为上面四个图层点选"插入帧"，为最下面的"地图"图层点选"插入关键帧"（图6-2-13）。

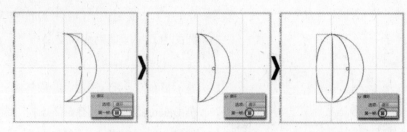

图6-2-14

点击"经线"图层中的半圆形"经线"元件，按Ctrl + C(复制)、Ctrl + Shift + V（粘贴到当前位置），在属性面板"循环"下方"第一帧"后输入10，按回车。继续使用快捷键Ctrl + Shift + V（粘贴到当前位置），在属性面板"循环"下方"第一帧"后输入20，回车。再次使用快捷Ctrl + Shift + V（粘贴到当前位置），在属性面板"循环"下方"第一帧"后输入30，按回车（图6-2-14）。

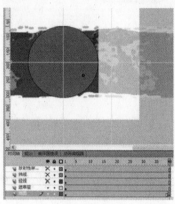

图6-2-15

显示"遮罩层"图层和"地图"图层，隐藏其他图层。点击"地图"图层第40帧。用选择工具，左手按住Shift键，右手将光标移至地图上某处，按住鼠标左键水平移到"地图"右边与"遮罩层"中圆的右边对齐（图6-2-15）。

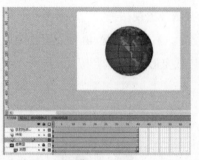

图6-2-16

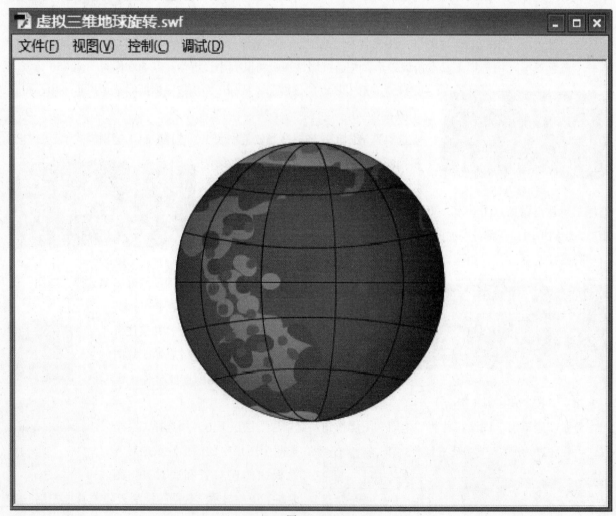

图6-2-17

右键点击"遮罩层"图层，点选"遮罩层"。显示所有图层。点选菜单"视图 / 辅助线 / 清除辅助线"（图 6-2-16）。

按 Ctrl + S（保存），Ctrl + 回车（测试影片）（图 6-2-17）。

6.3 实训结语

本实训虽没有涉及新的功能，但却是整合之前部分实训功能所做的一个新实训案例。它通过最上层的放射性渐变，以及"经线"的变形动画，加之遮罩下的"地图"水平循环运动，营造出一种三维球形旋转的错觉。

实训 7：振翅后滑翔的海鸥

7.1 案例介绍

通过本案例的实训，进一步认识和掌握使用图形元件时"循环"中的"播放一次"功能，其中还包含运动引导图层及交换元件，尤其是像传统动画一样可供逐帧绘画的洋葱皮（透台）功能的使用。

7.2 实训过程

打开 Adobe Flash CS6 软件，点击"ActionScript 3.0"新建文件。按 Ctrl + S（保存），命名为"振翅后滑翔的海鸥"（如已在操作界面，可直接按快捷键 Ctrl + N 新建）。

点击"属性"面板，设置舞台背景颜色（图 7-2-1）。

点选菜单中的"插入 / 新建元件"。名称后输入"海鸥振翅"，类型选择"图形"。

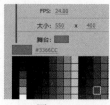

图 7-2-1

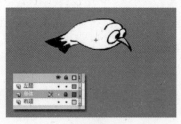

图 7-2-2　　　　　　　　　　图 7-2-3

建三个图层，自上而下依次更名为"左翅"、"身体"、"右翅"。点击"身体"图层，如图 7-2-2 所示，绘制"海鸥"身体，随后锁住该图层。

分别分别点击"左翅"、"右翅"图层，如图 7-2-3 所示，绘制海鸥的左、右翅。

图 7-2-4

左手按住 Shift 键，右手用鼠标左键点击"左翅"图层第 3 帧，再点击"右翅"图层第 3 帧，当三个图层都被选择时（即三个图层的第 3 帧均呈浅蓝色）时，左手释放 Shift 键，按 F6 键（插入关键帧），再按 Delete 键。此时，"左翅"、"右翅"第 3 帧上的图形被删除（图 7-2-4）。

点击时间轴下方洋葱皮工具中的"绘制纸外观"图标，此时，操作者便会看到呈半透明状态的第 1 帧的海鸥姿势。参照此姿势，分别点击上、下两个图层，绘制海鸥的左、右翅（图 7-2-5）。

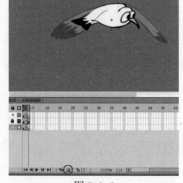

图 7-2-5

依此方法，分别在第 5、7、9、11、13、15 帧（如图 7-2-6 中 1 ~ 6 图）绘制"海鸥"的翅膀。

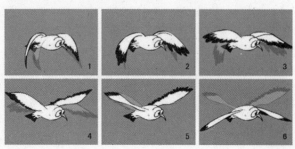

图 7-2-6

翅膀绘制完成后，点击时间轴下方洋葱皮工具中的"绘制纸外观"图标，取消其半透明显示。左手按住 Shift 键，右手用鼠标左键点击"左翅"图层第 16 帧，再点击"右翅"图层第 16 帧，当三个图层都被选择（即三个图层的第16帧均呈浅蓝色）时，左手释放 Shift 键，按 F5 键（插入帧）（图 7-2-7）。

图 7-2-7

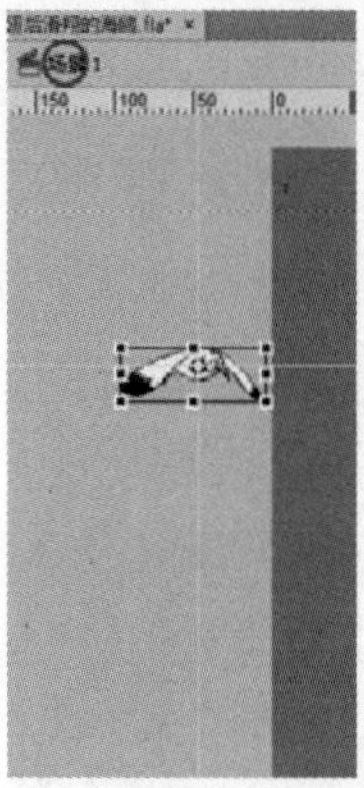

点击舞台左上角场景图标返回场景。将"库"中"海鸥振翅"图形元件拖入舞台，用变形工具调整到合适大小，并移至舞台左侧外偏上方适当位置。

图 7-2-8

图 7-2-9 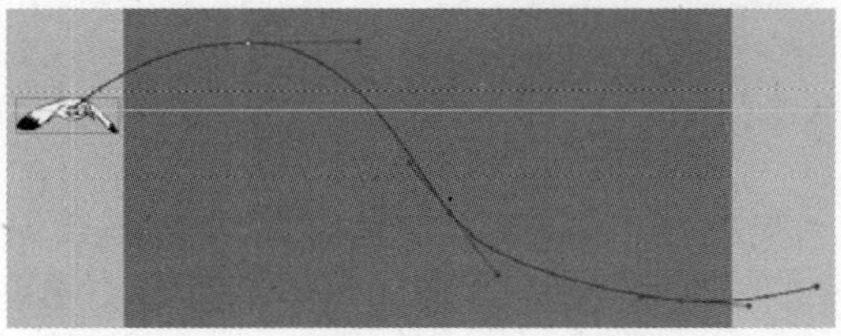　　　　　　图 7-2-10

按快捷键 Ctrl + Alt + Shift + R（显示标尺），拖出辅助线使水平与垂直辅助线交叉于海鸥的自然中心点（图 7-2-8）。

右键点击图层，点选"添加传统运动引导层"（图 7-2-9）。

用钢笔工具，自辅助线交叉点开始，绘制一条如图 7-2-10 的曲线。

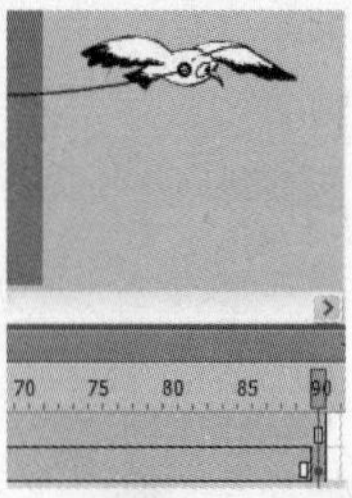

左键点击"传统运动引导层"第 90 帧，按 F5 键（插入帧）。左键点击"图层 1"第 90 帧，按 F6 键（插入关键帧）。将"海鸥"从舞台左侧移到舞台右侧，使其中心点与引导线右侧端点重合（图 7-2-11）。

图 7-2-11

图 7-2-12

点击第 1 帧起始位置的"海鸥"。点击属性面板中"循环"旁边的黑三角，选择其下的"播放一次"（图 7-2-12），按回车。此时，呈现在舞台中的是"海鸥"振翅一次后，向右下方滑翔。

若操作者想让海鸥振翅两次后滑翔，需点选菜单中的"插入/新建元件"。名称后输入"海鸥重复振翅"，类型选择"图形"。从"库"中将"海鸥振翅"图形元件拖入新建"海鸥重复振翅"图形元件中。左键点击第 32 帧，按 F5 键（插入帧）。因"海鸥振翅"图形元件的运动时间为 16 帧，因此，此处设置时长为其双倍，即 32 帧，它所呈现出的是循环两次的振翅运动（图 7-2-13）。

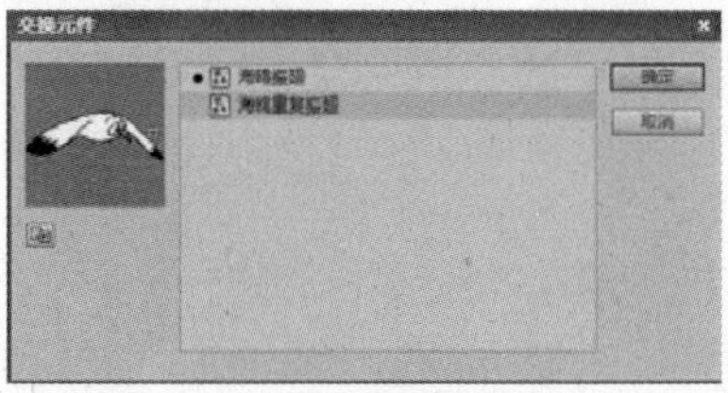

图 7-2-14

图 7-2-13

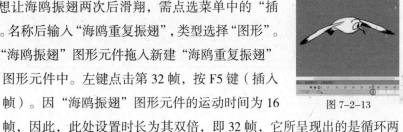

图 7-2-15

点击舞台左上角场景图标返回场景。右键点击第 1 帧的"海鸥"，点选交换元件（图 7-2-14）。在弹出的对话框中，点击"海鸥重复振翅"，并点击"确定"（图 7-2-15）。

按 Ctrl + S（保存），Ctrl + 回车（测试影片）（图 7-2-16）。若此时操作者希望"海鸥"振翅三次再滑翔，只需回到场景中，双击"库"中的"海鸥重复振翅"前的图标，进入该元件后，在第 48 帧（16 的三倍）处插入帧。重新回到场景中，"测试影片"，此时呈现的便是"海鸥"三次振翅后滑翔的动态画面。

7.3 实训结语

本实训中所传授的不仅仅是利用图形元件所做的"播放一次"功能，同时，通过另一个图形元件（海鸥重复振翅）的使用，让操作者深刻感受到，恰当地运用元件会让动画中的某些更改变得比传统动画制作方式更便利（即振翅次数的改变）。"交换元件"功能的运用所带来的更改上的便利也同样是传统动画制作所无法比拟的。尽管 Flash 在制作动画方面有着诸多的便利，但有些局部动画还需像传统动画一样逐帧制作才更显精致，因此，类似传统透台的洋葱皮功能也是必须要掌握的。

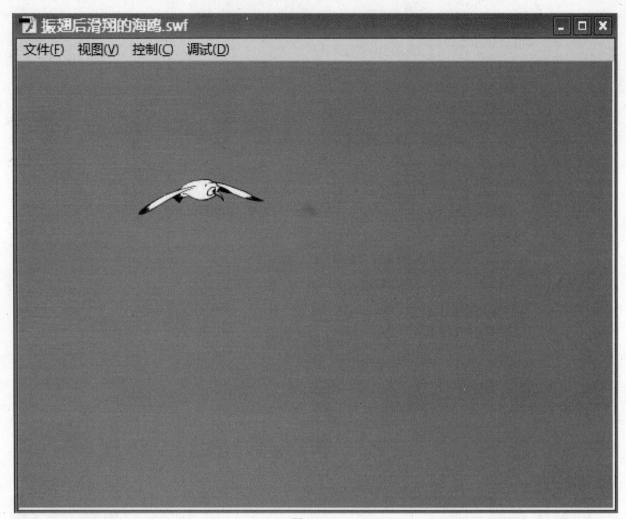

图 7-2-16

实训8：一笔画鸭过程演示

8.1 案例介绍

通过上一个案例的实训，操作者已经通过时间轴下方洋葱皮工具的使用了解并掌握了逐帧绘制动画的方法。本实训案例将传授另一种逐帧绘制动画的方法。它通常会用于书法字的一种手写渐现式动态表现。

8.2 实训过程

打开 Adobe Flash CS6 软件，点击"ActionScript 3.0"新建文件。按 Ctrl + S（保存），命名为"一笔画鸭过程演示"（如已在操作界面，可直接按快捷键 Ctrl + N 新建）。

建两个图层，自下而上依次更名为"一笔鸭"、"画笔"，右键点击"画笔"图层，点选"添加传统运动引导层"。用铅笔工具点选绘制对象，自"鸭"背部左侧端点开始画出"一笔鸭"（如有条件，可接数位板绘制）（图 8-2-1）。

图 8-2-1

按 Ctrl + B（解组）。点击选择工具，全选或局部选择"鸭"，然后点击工具箱下方平滑或伸直工具，以优化所画曲线中不够流畅的线条（图 8-2-2）。也可点选菜单中"修改 / 形状"下的"平滑"、"伸直"、"高级平滑"、"高级伸直"、"优化"工具。其中，点选"优化"后弹出的对话框中的数值表示的是所选图的矢量点。相对而言，矢量点太多会导致线条不够流畅。

图 8-2-2

在调整线条的流畅、平滑时，也可点选部分选取工具，通过对矢量点位置、向量的长度、角度等的调整来实现（图 8-2-3）。

点击"画笔"图层，用椭圆形工具（不点选绘制对象）任意画一个黑色、无边椭圆形（如图 8-2-4 左），然后，用任意变形工具（点选工具箱下方封套工具）对所画椭圆形做变形处理（图 8-2-4 右）。

图 8-2-3

用矩形工具（点选绘制对象）画一个黑白线性渐变的矩形，并通过颜色面板在渐变色中增加点，将渐变色设置成柱形（中间亮、两边暗）。用任意变形工具将"笔杆"与"笔"的大小及位置调整至合适。用选择工具全选"笔杆"与"笔"，右键点选"转换为元件"。在弹出的对话框中的名称后输入"画笔"，在类型中选择"图形"。用任意变形工具选择"笔"，并将其中心点移至左下角，缩放至合适大小。依据情况，多次按快捷键 Ctrl

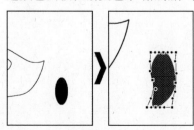

图 8-2-4

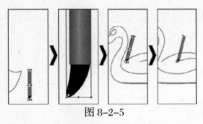

图 8-2-5

图 8-2-6

+ =（放大视图），然后按住空格键，并按住鼠标左键，用"手形工具"移动视图，直到笔头完整地呈现在操作者面前。将中心点移到笔头如图 8-2-5 左 2 图所示位置。接着，将它移到"一笔鸭"绘画起始点，并使"笔"的中心点与其重合。右键点击"引导层"第 90 帧"插入帧"，右键点击"画笔"图层第 90 帧"插入关键帧"，用任意变形工具点选、移动"笔"，使其中心点与"一笔鸭"绘画结束点重合（图 8-2-5）。

右键点击"画笔"图层第 1 帧，点选"创建传统补间"。锁定引导线图层，点选该图层最右边的"显示轮廓"图标（带填充颜色的黑边方形）。隐藏"画笔"图层。点击"一笔鸭"图层，用笔刷工具（不选绘制对象），按"引导层"的显示将"一笔鸭"一段一段描绘出来，如描绘中出现局部错误，则在无中文输入状态下，按 E 键跳转到橡皮擦工具，将错

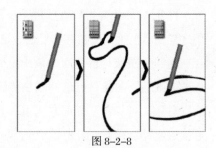

图 8-2-7

的部分擦除。然后，按 B 键恢复笔刷工具，继续绘制，直至全部描绘完成（图 8-2-6）。

左键点击"一笔鸭"图层第 1 帧，不断按 F5 键插入关键帧，直至第 90 帧（图 8-2-7）。

显示并锁定"画笔"图层。左键点击"一笔鸭"图层第 1 帧，按"Delete"键删除第 1 帧"一笔鸭"图形，点击第 2 帧，将画笔未经过的"一笔鸭"笔刷线擦除，左手按住 Ctrl 键，当光标转变为表示选择工具的样式后，点选余下的笔刷线，按 Delete 键删除。按此方式，逐帧擦除画笔未经过的笔刷线，直至第 90 帧不再有需要擦除的笔刷线（图 8-2-8）。右键点击"一笔鸭"图层第 120 帧，点选"插入帧"。

图 8-2-8

按 Ctrl + S（保存），Ctrl + 回车（测试影片）（图 8-2-9）。

8.3 实训结语

本实训并不复杂，但若能用好快捷键，重复操作的效率便会有较大的提高。此外，在最后逐帧擦除过程中，需要操作得细致而耐心。

图 8-2-9

实训 9：绕树飞行的纸飞机

9.1 案例介绍

本实训案例，除着重讲述环绕路径飞行的制作外，还涉及绕物飞行的制作技巧，以及沿路径飞行中的"调整到路径"的功能及效果。

9.2 实训过程

打开 Adobe Flash CS6 软件，点击"ActionScript 3.0"新建文件。按 Ctrl + S（保存），命名为"绕树飞行的纸飞机"（如已在操作界面，可直接按快捷键 Ctrl + N 新建）。

点选菜单中的"插入 / 新建元件"，在弹出的对话框中的"名称"后输入"纸飞机"，"类型"后选择"图形"。点选多边形工具（不选绘制对象），点击属性面板中"工具设置"下的"选项"，在弹出的对话中，按图 9-2-1 所示设置后，画一个顶角指向左边的三角形。

图 9-2-1

用任意变形工具选择所画三角形，点开变形面板，按图 9-2-2 所示设置。用线条工具，左手按住 Shift 键，右手将光标移至三角形顶角，自左至右画一条水平直线，按 Ctrl + G（组合）。

图 9-2-2

将图层更名为"机翼"。新建图层并更名为"机身"。用线条工具，如图 9-2-3 左图画一个三角形，并填充与"机翼"相同的颜色。点选"机身"图层第 1 帧，按 Ctrl + G（组合）。左键按住"机身"图层，并向下拖拽将其移至"机翼"图层下（图 9-2-3 右图）。

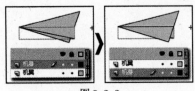

图 9-2-3

图 9-2-4

预想预想"纸飞机"环绕椭圆形路径飞行一圈的时间为 80 帧，那么，它在飞行四分之一时间（20 帧）时，其机身长度因透视关系而有所缩短，其机翼也会有所倾斜，故右键点击"机翼"图层第 20 帧，点选"插入关键帧"。在点开的变形面板中，如图 9-2-4 所示做相应设置。右键点击"机翼"图层第 1 帧，点选"创建传统补间"。

右键点击"机身"图层第 20 帧，点选"插入关键帧"。右键点击"机身"图层第 1 帧，点选"创建传统补间"。用任意变形工具选择"机身"图层第 1 帧，将其中心点移至上边中心。依此办法将本图层第 20 帧中心点也移至上边中心，并点开变形对话框，按图 9-2-5 所示做相应设置。

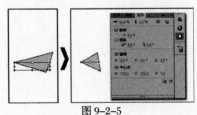

图 9-2-5

左手左手按住 Alt 键，右手将光标移到"机翼"图层第 1 帧，按住鼠标左键（相当于复制、粘贴帧），当光标右上角出现加号后，移动到本

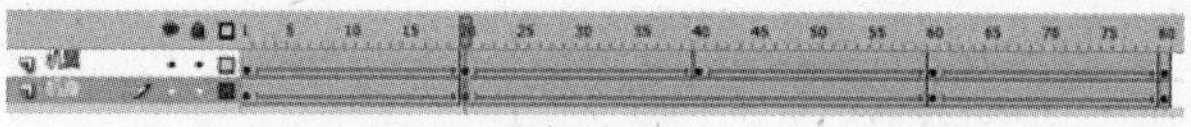

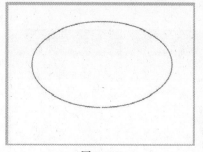

图 9-2-6

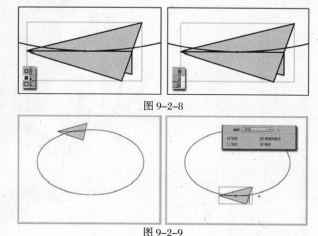

图 9-2-7

图层第 40 帧后释放鼠标左键，抬起 Alt 键。依此方法，将第 20 帧复制、粘贴至本图层第 60 帧，将第 40 帧复制、粘贴至本图层第 80 帧。右键点击"机身"图层第 60 帧，点选"插入关键帧"，将"机身"图层第 1 帧复制、粘贴至第 80 帧。左手按住 Shift 键，右手将光标移到"机翼"图层第 1 帧到第 20 帧间任意一帧位置，点击左键，然后再将光标移到"机身"图层第 60 帧至第 80 帧间任意一帧位置，点击左键。此时，两个图层中先后点击的两帧间的时间全被选中。右键点击此区间的任意一帧，点选"创建传统补间"（图 9-2-6）。

点击舞台左上角场景图标返回场景。更改图层名为"纸飞机"。右键点击该图层，点选"添加传统运动引导层"，并点击该图层第 1 帧。选择椭圆形工具（不选绘制对象），如图 9-2-7 所示，绘制一个无填充色的椭圆形。然后，点选橡皮擦工具，并在其下方"橡皮擦形状"中点选最上方的最小圆点，擦除椭圆形正下方线条将其断开（因为图形无法识别一个封闭曲线的起始点）。

点击"纸飞机"图层第 1 帧，将"库"中的"纸飞机"图形元件拖入舞台，并使其中心点与断线的左端点重合。右键点击"引导层"第 90 帧，点选"插入帧"，右键点击"纸飞机"图层第 90 帧，点选"插入关键帧"，移动"纸飞机"，使其中心点与断线的右端点重合（图 9-2-8）。

图 9-2-8

图 9-2-9

右键点击"纸飞机"图层第 1 帧，点选"创建传统补间"，回车。尽管飞机已能环绕椭圆形路径飞行，但头却始终朝向左边（图 9-2-9 中的左图）。解决这一问题的办法是，左键点击"纸飞机"图层中的第 1 帧，在属性面板中，勾选"调整到路径"（图 9-2-9），按回车。此时，"纸飞机"在环绕飞行时，机头始终朝向飞行的正前方。

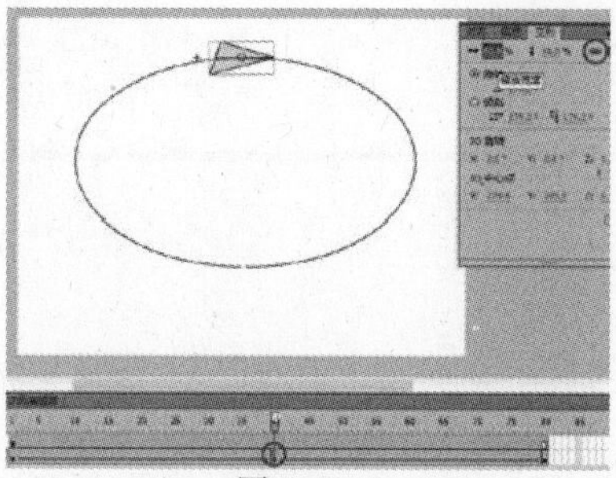

为了表现环绕飞行中的近大远小关系，可以用右键点击"纸飞机"图层中的第 40 帧，点选"插入关键帧"，点开变形面板对其做如图 9-2-10 的设置。

图 9-2-10

在"引导层"上新建图层并更名为"树"，用笔刷工具画一棵树。右键点击该图层第 90 帧，点选"插入帧"，按回车。此时呈现出的是"纸飞机"在树的后面飞。左手按住 Shift 键，右手用鼠标将光标移动到"引导层"，点击左键。然后将光标移到"纸飞机"图层，再次点击左键。左手抬起，右手按住鼠标左键将所选的两个图层拖到"树"图层上方，按回车。此时呈现出的是"纸飞机"在树的前面飞（图 9-2-11）。

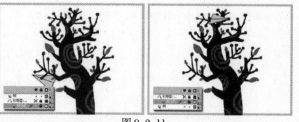

图 9-2-11

图 9-2-12

锁住锁住"纸飞机"及其"引导层"。用选择工具如图 9-2-12 选择"树"

的上面一部分，按 Ctrl + C，在"引导层"上新建图层并更名为"树冠"，按快捷键 Ctrl + Shift + V（粘贴到当前位置）。右键点击该图层第 90 帧，点选"插入帧"（图 9-2-12）。

按 Ctrl + S（保存），Ctrl + 回车（测试影片）（图 9-2-13）。

图 9-2-13

9.3 实训结语

本实训告诉学习者，封闭的曲线是不能作为运动路径使用的。如果一定要用某个封闭的曲线作为运动路径，就必须将其中某处擦除，以便为运动图形设置起始点。此外，若想让某个图形始终朝向前进方向运动，就必须勾选属性面板中的"调整到路径"。

实训 10：两只蝴蝶渐飞渐远

10.1 案例介绍

本实训案例着重讲述使用元件时对元件色彩的改变，其中既包括对元件明度的改变，也包括对色调的改变，以及对不透明度的改变。

10.2 实训过程

打开 Adobe Flash CS6 软件，点击 "ActionScript 3.0" 新建文件。按 Ctrl + S（保存），命名为 "两只蝴蝶渐飞渐远"（如已在操作界面，可直接按快捷键 Ctrl + N 新建）。

点选菜单中的 "插入 / 新建元件"，在弹出的对话框的 "名称" 后输入 "蝴蝶"，在 "类型" 中选择 "图形"。如图 10-2-1 画一只蝴蝶翅膀。完成后，按 Ctrl + A（全选），右键点击该图形，点选 "转换为元件"，并在弹出的对话框中 "名称" 后输入 "翅膀"，在 "类型" 中选择 "图形"。

图 10-2-1

用任意变形工具将 "翅膀" 中心点移到左边垂直中心点上。新建图层，左手按住 Alt 键，右手将光标移至图层 1 第 1 帧处，按住鼠标左键，当光标右上角出现加号后，向上拖动，将图层 1 的关键帧复制、粘贴到新建图层第 1 帧。点选菜单中的 "修改 / 变形 / 水平翻转"。将图层自上而下更名为 "左翅膀"、"右翅膀"。按快捷键 Ctrl + Alt +

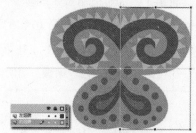

图 10-2-2

Shift + R 显示标尺，从标尺中拖入辅助线，使水平辅助线和垂直辅助线交于中心点（图 10-2-2）。

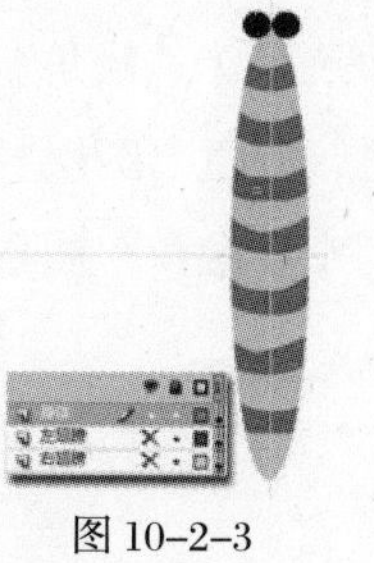

在 "在 "左翅膀" 图层上方新建图层并更名为 "身体"。先画一个椭圆形的 "身体"，并移动它使它的中心与辅助线的交叉点重合。然后画身体的条纹和 "眼睛"（图 10-2-3）。

图 10-2-3

用任意变形工具将三个图层的图形同时选中，将光标移到变形边框的右上角，当光标转变为一个带双向箭头的弧形后，按住鼠标左键逆时针旋转，然后将光标移到变形边框右边，当光标变为带双向箭头的等号线时，按住鼠标左键向右下方拖动，使其略有倾斜（图 10-2-4）。

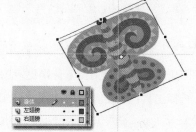

图 10-2-4

将 "身体" 图层拖到最底层并锁定。右键点击 "身体" 图层第 20 帧，点选 "插入帧"。分别右键点击 "左翅膀"、"右翅膀" 图层第 10 帧，点选 "插入关键帧"。依次用

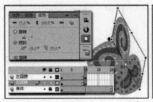

图 10-2-5

任意变形工具选择"左翅膀"或"右翅膀",按住"左翅膀"右侧边框中心点向左拉,或按住"右翅膀"左侧边框中心点向右拉,以改变其宽度。再将光标移到"左翅膀"右侧边框外,当光标变为带双向箭头的等号线时,

向上拉使其倾斜,或将光标移到"右翅膀"左侧边框外,当光标变为带双向箭头的等号线时,向上拉使其倾斜。如学习者觉得操作有难度,也可用任意变形工具,点开变形面板,按图10-2-5所示,做相应的设置。

依次点击第10帧的"左翅膀"、"右翅膀"图形,并点选"属性"

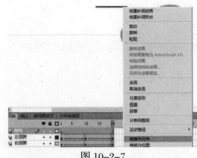

图 10-2-7

面板"色彩效果"下"样式"中的"亮度",同时将其亮度值设置为"-20"(即变暗)。将"左翅膀"、"右翅膀"图层的第1帧复

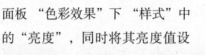

制、粘贴到第20帧,然后在这两个图层第1帧到第20帧中间"创建传统补间"(图10-2-6)。

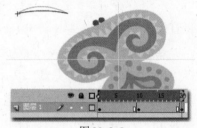

图 10-2-6

新建图层并更名为"触角"。用线条工具(不选绘制对象)画一条水平直线。用选择工具选择该

直线后,右键点击,选择"转换为元件",并在弹出的对话框中"名称"后输入"触角",在"类型"中选择"图形"(图10-2-7)。

双击该直线进入"触角"元件编辑状态。此时,"蝴蝶"呈浅色,舞台左上角最右边的元件图标后所显示的名称是"触角"。用选择工具将第1帧的直线略做弧线转变。分别在第10帧和第20帧"插入关

图 10-2-8

键帧"。用选择工具将第10帧的弧形的弧度进一步加大。如图10-2-8所示,用洋葱皮工具对弧形的变化做了一个直观的呈现。最后,在第1帧和第20帧间"创建传统补间"。

点击舞台左上角"蝴蝶"前的元件图标,返回到"蝴蝶"元件编辑状态。用任意变形工具选择"触角",

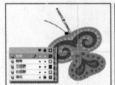

图 10-2-9

将中心移至右端点,同时将其整体移到蝴蝶左眼处,并做适当的顺时针旋转。新建图层,用之前学过的方法将"触角"图层第1帧复制、粘贴到新建图层第1帧,该新建图层名称自动变更为"触角"。用任意变形工具改变该图层"触角"位置及倾斜角度。分别在两个"触角"图层的第10帧和第20帧"插入关键帧"。然后分别点击两个图层的第10帧,用任意变形工具做适当的逆时针旋转。在两个"触角"图层第1帧和第20帧中间"创建传统补间"(图10-2-9)。

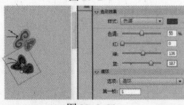

图 10-2-10

点击点击舞台左上角场景名称,回到场景中。将"库"中的"蝴蝶"元件插入舞台右侧。新建图层,复制、粘贴图层1第1帧到新建图层第1帧。自上而下分别更改图层名为"蝴蝶1"、"蝴蝶2"。用选择工具把"蝴蝶1"图层中的"蝴蝶"向下移开。在属性面板"循环"下方"第一帧"后输入"5"。然后,点选属性面板"色彩效果"中的色调,对"蝴蝶1"图层中的"蝴蝶"做色调上的改变(图10-2-10)。

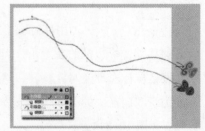

图 10-2-11

分别右键点击两个"蝴蝶"图层,为其"添加传统运动引导层",并用钢笔工具为其画出不同的运动路径,

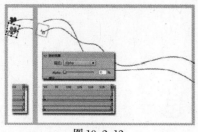

图 10-2-12

用任意变形工具分别移动两个图层中的"蝴蝶",使其中心点与其相对应的运动路径右侧端点重合（图 10-2-11）。

分别分别右键点击两个引导图层第 120 帧，点选"插入帧"。分别右键点击两个"蝴蝶"图层第 120 帧，点选"插入关键帧"，并用任意变形工具分别移动两个"蝴蝶"图层中的"蝴蝶"，使其中心点与和其相对应的运动路径左侧端点重合。分别右键点击两个"蝴蝶"图层中第 1 帧和第 120 帧之间的任意一帧，点选"创建传统补间"。分别右键点击两个"蝴蝶"图层中第 90 帧"插入关键帧"。分别点击第 120 帧的两只"蝴蝶"，点选属性面板"色彩效果"中"样式"下的 Alpha，将其数值设置为 0（即完全透明）（图 10-2-12）。

按 Ctrl + S（保存），Ctrl + 回车（测试影片）（图 10-2-13）。

图 10-2-13

10.3 实训结语

通过本案例实训，学习者可以全面了解如何在使用元件时改变其色彩明度、色调及不透明度，同时，还进一步巩固了之前所学的运动路径及其他各种常用基础知识。但这里值得注意的是，某元件必须在被其他元件或场景使用时，且必须在选择要改变的元件图形时，才可以对其做色彩或"第一帧"的改变（若点击该图形元件所属图层中的帧，舞台上呈现的也是被选择状态，但却不能执行色彩改变等操作）。

实训 11：皮球自由落下弹起

11.1 案例介绍

本案例的实训，将让操作者切身感觉加速、减速设置给动画视觉效果带来的变化。

11.2 实训过程

打开 Adobe Flash CS6 软件，点击"ActionScript 3.0"新建文件。按 Ctrl + S（保存），命名为"皮球自由落下弹起"（如已在操作界面，可直接按快捷键 Ctrl + N 新建）。

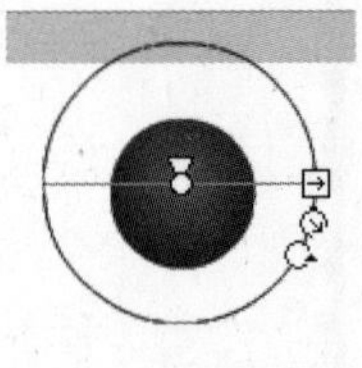

左手按住 Shift 键，用椭圆形工具（选择绘制对象）画一个没有边框的红色放射性渐变色的正圆。用渐变变形工具点击该正圆，按住中心点，将其移到圆的左上方。然后将光标移到变形框右侧中间图标处（圆中含带箭头斜线），按住鼠标左键向右下方拖拽，使渐变色最暗部区域不在该正圆的显示范围内（图 11-2-1）。按 Ctrl + A（全选），右键点选"转换为元件"，在弹出的对话框中的"名称"后输入"球"，在下面的"类型"后选择"图形"。用任意变形工具点击"球"，将中心点移到它的正下方。

图 11-2-1

按快按快捷键 Ctrl + Alt + Shift + R 显示标尺。从上方标尺中拖出一条水平辅助线至舞台下方。分别右键点击第 30 帧、第 60 帧，点选"插入关键帧"。点击第 30 帧，用选择工具点击正圆图形，同时左手

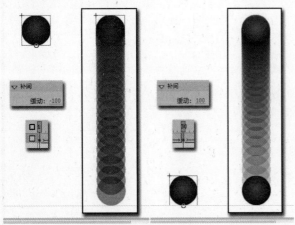

图 11-2-2　　　　　　图 11-2-3

按住 Shift 键，右手按住鼠标左键向下垂直拖动，直到它的下端与辅助线重合。左手按住 Shift 键，右手将光标移至第 1 帧至第 30 帧间任意一帧，点击左键，然后再将光标移至第 30 帧至第 60 帧间任意一帧，点击左键，再用右键点击所选帧区域内某一帧，点选"创建传统补间"，回车。这时，正圆会自上而下落下并弹起。但是，它看起来并不像一个球的落下和弹起。究其原因，主要是自然界中球在落下时因地球的引力而呈加速运动，而当球弹起时同样因地球的引力而呈减速运动。此外，球在向下、向上的运动中会有纵向拉伸的弹性变形，而在接触地面时又会有纵向压扁的弹性变形。因此，我们将首先对其做加速、减速设置。点击第 1 帧，在属性面板中"补间"下的"缓动"后输入"-100"（加速最大值）（图 11-2-2）。同样，点击第 30 帧，在"缓动"后输入"100"（减速最大值）（图 11-2-3），按回车。此时，舞台上呈现的是一个加速落下和减速弹起的动画。图 11-2-2 和图 11-2-3 中右图是通过洋葱皮工具展示的两个区间"球"的逐帧位置，由此可清晰地看出其运动的加速、减速情况。

分别右键点击第 29 帧和第 31 帧，点选"插入关键帧"。点击第 29 帧，点开变形面板，将纵向放大为

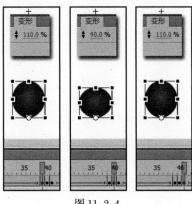

图 11-2-4

图 11-2-5

110%。同样，将第 30 帧压缩为 90%，第 31 帧放大为 110%（图 11-2-4）。

此时此时，如果想做一个球在反复落下和弹起的同时向着某一方向移动（即球呈抛物线运动）的效果，可左手按住 Shift 键，右手将光标移到第 1 帧，点击左键。然后再将光标移到第 60 帧，点击左键。当所有帧都被选中时，右键点击其中任意一帧，点选"剪切帧"（图 11-2-5）。点击菜单"插入 / 新建元件"，在弹出的对话框中的"名称"后输入"球落下"，在下面的"类型"后选择"图形"。右键点击第 1 帧，点选"粘贴帧"。

建两个图层，自上而下更名为"地面"、"球"。点击"地面"图层，用矩形工具画一个无边框的长方形以遮蔽辅助线下方的舞台。从"库"中将"球落下"图形元件拖到舞台外右侧上方。用右键点击"地面"图层的第 120 帧，点选"插入帧"，用右键点击"球"图层的第 120 帧，点选"插入关键帧"。点击任意变形工具后，点击"球"图层第 40 帧，移动"球"，使其位于正下方，中心在辅助线上（图 11-2-6）。

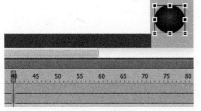

图 11-2-6

点击点击"球"图层第 120 帧，点选择工具，左手按住 Shift 键，右手

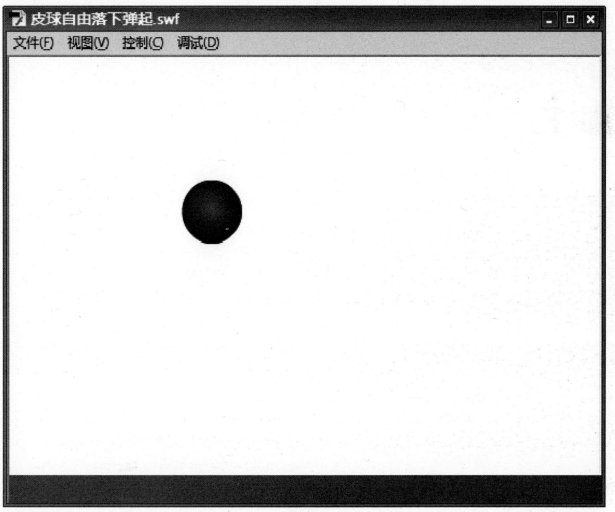

图 11-2-7

将光标移到"球"上，按住左键，将其拖至舞台左侧外（按住 Shift 键能确保其水平或垂直移动）。右键点击第 1 帧，点选"创建传统补间"。

按 Ctrl + S（保存），Ctrl + 回车（测试影片）（图 11-2-7）。

11.3 实训结语

尽管本实训很简单，只是训练了加速运动和减速运动的设置，但通过最后一个环节的训练，学习者懂得，运动元件被使用时，若再次附加运动，其结果将是做复合的运动，即如本实训案例所呈现的，元件中球做垂直运动，而场景中又让其做水平运动，其最终结果便是做斜线运动。这一点对于 Flash 动画制作中的动作设计也很重要。

实训 12：汽车移动车轮旋转

12.1 案例介绍

本案例的实训主要涉及"属性"面板中旋转功能的设置和应用。

12.2 实训过程

打开 Adobe Flash CS6 软件，点击"ActionScript 3.0"新建文件。按 Ctrl + S（保存），命名为"汽车移动车轮旋转"（如已在操作界面，可直接按快捷键 Ctrl + N 新建）。

点击菜单中"插入 / 新建元件"，在弹出的对话框中"名称"后输入"汽车"，在"类型"后面选择"图形"。左手按住 Shift 键，用椭圆形工具（不选绘制对象）画一个无边框、黑色正圆。用任意变形工具点击此正圆，按快捷键 Ctrl + C（复制）、Ctrl + Shift + V（粘贴），然后把光标移到任意变形边框右上角，待光标变为双箭头斜线时，左手按住 Shift 键，右手按住鼠标左键对其做等比例缩小，再点击填充颜色，点选浅灰色。按此方式，再做"车轮"中心镂空处的深灰色。按快捷键 Ctrl + Alt + Shift + R（显示标尺），并从标尺处拖出水平、垂直标尺，使其交叉于"车轮"中心。用矩形工具（选择绘制对象）画一个与"车圈"颜色一致的长方形。用任意变形工具移动它，使其下边贴紧水平辅助线，中心点位于垂直辅助线上。接着，将中心点移到辅助线交叉点，再点开变形面板，在"旋转"下输入"72"，点击右下角第一个图标"重制选区和变形"（图 12-2-1）。

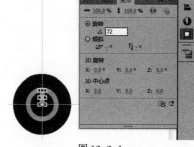

图 12-2-1

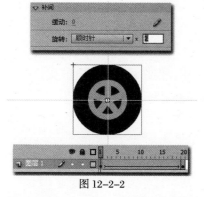

图 12-2-2

按快捷键 Ctrl + A（全选），右键点选"转换为元件"，在弹出的对话框中的"名称"后输入"车轮"，"类型"后面选择"图形"。双击该图形进入"车轮"图形元件编辑页面（右上角最右边为该图形元件图标及该元件名称）。按快捷键 Ctrl + A（全选）、Ctrl + G（组合）。右键点击第 20 帧，点选"插入关键帧"。右键点击第 1 帧和第 20 帧之间任意一帧，点选"创建传统补间"。点击第 1 帧后，在属性面板中，点击"补间"下"旋转"后的黑三角，选择逆时针，并在其右侧输入"2"（即旋转的周数）（图 12-2-2）。

将图层更改为"车轮"。新建图层，点击"车轮"图层第 1 帧，用之前所学的快捷键复制第 1 帧到新建图层第 1 帧，新建图层名称自动变更为"车轮"。新建图层并更名为"车身"，按住该图层，将其拖至最下层。锁住两个"车轮"图层，在"车身"图层画出如图 12-

图 12-2-3

图 12-2-4

图 12-2-5

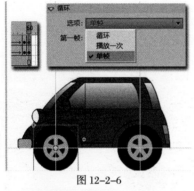

图 12-2-6

2-3 的"车身"，再分别在三个图层的第 20 帧"插入帧"。

点击点击舞台左上角场景图标，返回场景。按快捷键 Ctrl + Alt + Shift + R（显示标尺），并从标尺处拖出水平标尺到舞台下方。从"库"中将"汽车"图形元件拖到舞台右侧外，用任意变形工具等比例缩放至合适大小，并移动使其变形框下边与辅助线重合。更改图层名为"汽车"，新建图层并更名为"地面"。用矩形工具画一无边框、灰色长方形，完全覆盖辅助线下方的舞台，其上边与辅助线贴紧（图 12-2-4）。

右键右键点击"地面"图层第 60 帧，点选"插入帧"，右键点击"汽车"图层第 60 帧，点选"插入关键帧"。用左手按住 Shift 键，水平移动第 60 帧汽车到舞台左侧画外。右键点击第 1 帧和第 60 帧中间任意一帧，点选"创建传统补间"，按回车。此时呈现的是"汽车"自右至左"驶"过舞台。若想让"汽车"在第 60 帧"停"在舞台左侧某处，要点击"汽车"图层第 60 帧，用左手按住 Shift 键，用选择工具水平移动"汽车"到预设位置。分别在两个图层的第 90 帧处"插入帧"（图 12-2-5）。按 Ctrl + 回车（测试影片）。此时，"汽车"虽然会在第 60 帧停住，但"车轮"依然在旋转。

关闭测试影片。双击"汽车"进入该图形元件可编辑页面，分别在两个"车轮"图层的第 60 帧"插入关键帧"。左手按住 Shift 键，将光标移到上面的"车轮"图层中的某一帧，点击左键，再点击下面"车轮"图层中的某一帧，然后右键点击所选帧范围内的任意一帧，点选"创建传统补间"。分别右键点击两个"车轮"图层的第 59 帧，点选"插入关键帧"。再次点击第 60 帧，点击前"车轮"，在属性面板"循环"下方"选项"后的黑三角选择"单帧"。点击后"车轮"，按上述方法设置"单帧"（此含义为车轮旋转到第 60 帧处时变为静止的单帧）（图 12-2-6）。

按 Ctrl + S（保存），Ctrl + 回车（测试影片）（图 12-2-7）。

12.3 实训结语

尽管本实训看似很简单，表面上只是单纯地训练了"旋转"功能的使用，但在最后一部分的变化中，还特别地融入了"循环"中"单帧"功能的使用，该功能在动画制作中同样很重要。

图 12-2-7

实训 13：时针分针旋转追逐

13.1 案例介绍

本实训将通过一个新的趣味案例的制作讲解，进一步巩固属性面板中旋转功能的设置和应用。

13.2 实训过程

打开 Adobe Flash CS6 软件，点击 "ActionScript 3.0" 新建文件。按 Ctrl + S（保存），命名为 "时针分针的旋转追逐"（如已在操作界面，可直接按快捷键 Ctrl + N 新建）。

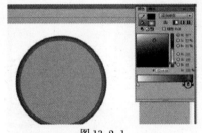

更改图层名称为 "表盘"。左手按住 Shift 键，右手持鼠标点选椭圆形工具（不选绘制对象），在舞台上画一个带边框及填充色的正圆。点击边框，将属性面板中的 "笔触" 大小设置为 16。如果希望让此圆位于舞台中间，可运用之前所学的对齐面板中的功能实现。

点击边框，点选菜单 "修改 / 形状 / 将线条转换为填充"，然后在填充颜色工具中选择黑白放射性渐变色，再在颜色面板中如图 13-2-1

图 13-2-1

设置，使表的边框富有立体感。按 Ctrl + Alt + Shift + R（显示标尺），再按 Ctrl + A（全选），点击任意变形工具，从标尺中拖出辅助线，使水平辅助线和垂直辅助线交于 "表盘" 的中心。

新建图层并更名为 "刻度"。点选多边形工具（不选绘制对象），然后点击属性面板 "工具设置" 下的 "选项"，在弹出的对话框中，"样式" 一栏中选择 "星形"。在 "边数" 栏中输入数值 "5"，点 "确定"。在 "表盘" 正上方画一无边框五角星。用任意变形工具点击此五角星，

图 13-2-2

并将其中心点移到 "表盘" 中心（即两条辅助线的交叉点）。点开变形面板，在 "旋转" 下输入 "30"，连续点击该面板右下角第一个图标 "重制选区和变形"，直至如图 13-2-2 所示。

新建图层并更名为 "时针"，点选椭圆形工具，左手同时按住 Alt 键和 Shift 键，右手将光标移到辅助线交叉点，按住鼠标左键向任意方向拖拽画一个无边框蓝色小圆点，用线条工具画一个细长的三角形（底边与小圆点直径大小、位置相当），用颜料桶工具为其填充蓝色。双击三角形边框，确认其被全部选中后，

图 13-2-3

点击 Delete 键删除。按 Ctrl + A（全选），Ctrl + G（组合），右键点选 "转换为元件"，在弹出的对话框中 "名称" 后输入 "时针"，"类型" 后选择 "图形"。用选择工具点选该 "时针"，按 Ctrl + C（复制）。新建图层并更名为 "分针"，按 Ctrl + Shift + V（粘贴到当前位置）。用任意变形工具点选该粘贴图形，将中心移到最下端，然后将光标移

到任意变形边框上边中点，按住鼠标左键向上拉伸。按 Ctrl + B（解组），点选填充颜色工具中的红色，

图 13-2-4

图 13-2-5

按 Ctrl + G（组合），右键点选"转换为元件"，在弹出的对话框中"名称"后输入"分针"，"类型"后选择"图形"（图 13-2-3）。

双击"时针"进入该图形元件可编辑界面，在中心位置绘制一只抱着"时针"的小白兔（图 13-2-4）。先画被"时针"遮挡的部分，画完局部组合后，可通过右键点选排列中的选项调节局部图形前后关系。依上述方法，在"分针"图形元件中，为其绘制一只抱着"分针"的小乌龟（图 13-2-5）。

用任用任意变形工具点选"分针"，将中心点移至辅助线交叉点。隐藏"分针"图层，用任意变形工具点选"时针"，将中心点移至辅助线交叉点。

显示"分针"图层。右键点击"表

图 13-2-6

盘"和"刻度"图层的第 120 帧，为其"插入帧"。右键点击"时针"和"分针"图层的第 120 帧，为其"插入关键帧"。左手按住 Shift 键，鼠标点击"分针"图层第 1 帧和 120 帧之间任意一帧，然后再点击"时针"图层第 1 帧和 120 帧之间任意一帧，右键点击选中区域中任意一帧，点选"创建传统补间"。左键点击"分针"图层第 1 帧，在属性面板"补间"下的"旋转"后选择"顺时针"，并在其后输入"1"（即 120 帧转一周）。依此方法，将"时针"设置为"顺时针"，在其后输入"2"（图 13-2-6）。

图 13-2-7

本案按 Ctrl + S（保存），Ctrl + 回车（测试影片）（图 13-2-7）。

13.3 实训结语

本案例虽然只是对"旋转"功能的应用进行巩固性实训，但因与前一个"车轮"旋转在形态上有着很大的不同，因此有助于学习者视野的扩展，从而更加有助于学习者在今后的创作实践中灵活运用 Flash 中的"旋转"功能及其设置。

实训 14：香烟火光闪烟缥缈

14.1 案例介绍

本案例实训着重介绍影片剪辑元件，它不同于之前所讲的图形元件，因为使用它可以启用属性面板中的滤镜功能。

14.2 实训过程

打开 Adobe Flash CS6 软件，点击 "ActionScript 3.0" 新建文件。按 Ctrl + S（保存），命名为 "香烟火光闪烟缥缈"（如已在操作界面，可直接按快捷键 Ctrl + N 新建）。

用选用选择工具点击舞台空白处，点选属性面板中 "舞台" 右侧的色块，将颜色设置为黑色。点击菜单中的 "插入 / 新建元件"，在弹出的对话框中的 "名称" 后输入 "一缕烟飘"。点选线条工具（不选绘制对象），在属性面板中将 "笔触" 大小改为 20，点击下方 "端点" 右侧的黑三角，选择 "方形"。左手按住 Shift 键，右手用鼠标在舞台上画一条垂直的直线。用选择工具点选该直线，通过笔触颜色将

图 14-2-1

其更改为黑白线性渐变色。然后点开颜色面板，点击左上角 "铅笔" 图标，在渐变色条中间添加过渡点，双击其下的小方块将其颜色更改为浅灰色。以同样

的方法将渐变色左右两个端点更改为黑色，并将其上方的 A 值（不透明度）设置为 "0"。另外，在靠近两个端点的位置再添加两个过渡点，并将 A 值设置为 "60"（图 14-2-1）。

点选点选线条工具（笔触颜色为

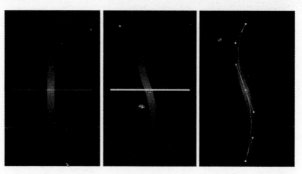

图 14-2-2

白色，不选绘制对象），在属性面板中将 "笔触" 大小设置为 "1"。在已画完的垂直线的中间画一条水平线。点击选择工具，将光标靠近垂直线上半部分边缘，当光标右下角出现弧形时，按住鼠标左键向左推使其变为弧线。以同样办法，将下半部分向右拉成弧线，此时垂直线已变成 S 线。双击水平线，确认其被选中后，按 Delete 键删除。此时，还可点选部分选取工具，对其中间矢量点做向量上的调整和改变，以使其更圆滑、流畅（图 14-2-2）。

图 14-2-3

分别右键点击第 30 帧和第 60 帧，点选"插入关键帧"，并在其间"创建补间形状"。点击第 30 帧，用部分选取工具，将其转变为反 S 形（图 14-2-3）。

图 14-2-4

点击菜单中"插入 / 新建元件"，在弹出的对话框中的"名称"后输入"三缕烟交错飘"，在下面的类型中选择"影片剪辑"（图 14-2-4）。

图 14-2-5

把"库"中"一缕烟飘"图形元件拖入到新建元件"三缕烟交错飘"舞台中。重复两次，此时，舞台上便有三个"一缕烟飘"图形元件。分别点击后两个"一缕烟飘"图形元件，并在属性面板"循环"下方的"第一帧"后输入"20"、"40"。同时，用任意变形工具分别缩小、放大两个图形的高度（图 14-2-5）。右键点击第 60 帧，点选"插入帧"。

点击点击菜单中的"插入 / 新建元件"，在弹出的对话框中的"名称"后输入"火光"。点选椭圆工具（不选绘制对象），在舞台上画一个无边框的红色正圆。分别右键点击第 10 帧和第 20 帧，点选"插入关键帧"。点击第 10 帧，点开颜色面板，将 Alpha 值设置为"0"（图 14-2-6）。左手按住 Alt 键，右手用鼠标点击第 1 帧和第 10 帧之间任意一帧，然后再点击第 10 帧和第 20 帧之间任意一帧，右键点击所选帧区域中任意一帧，点选"创建补间形状"。点击点击左上角场景名称图标，返回到场景中。在填充颜色中点选黑白线性渐变色，用矩形工具在舞台下方画一个矩形。然后用渐变变形工具将其由水平渐变调整为垂直渐变，并将渐变色范围调至矩形内（图 14-2-7 图 1）。用选择工具点选该矩形，点开颜色面板，将渐变转变成上、下为浅灰色，

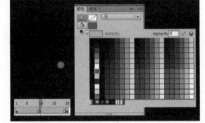

图 14-2-6

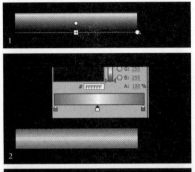

图 14-2-7

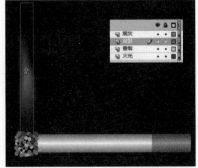

图 14-2-8

中间为白色（图 14-2-7 图 2）。按快捷键 Ctrl + C（复制），Ctrl + Shift + V（粘贴到当前位置），再点选任意变形工具，并将光标移到变形框右边垂直中心点，按住鼠标左键拖拽至右边适当位置（图 14-2-7 图 3）。点开颜色面板，将渐变色改变成如图 14-2-7 图 4 的样式。

改图层名为"香烟"。新建图层并更名为"火光"，将其移至"香烟"图层下。从"库"中将"火光"图形元件拖出，用任意变形工具将其缩放到合适大小。复制、粘贴多个"火光"，分别点击这些"火光"，并在属性面板"循环"下方的"第一帧"后输入 1 和 20 之间的不同数值（图 14-2-8 上）。点击"香烟"图层，在其上新建图层并更名为"烟灰"，选择深浅不同的灰色，用笔刷工具画"烟灰"，并适当留出空隙，透出"火光"（图 14-2-8 中）。再次点击"香烟"图层，在其上新建图层并更名为"烟飘"，将"三缕烟交错飘"影片剪辑元件拖入，并移到适当位置，然后点击属性面板"滤镜"下方第一个图标"添加滤镜"，点选模糊，将其 X、Y 值均设置为"20"（图 14-2-8 下）。点击烟灰图层，

右键点击所选图形，点选"转换为元件"，在弹出的对话框中的"名称"后输入"烟灰"，在下面的"类型"后选择"影片剪辑"。然后点击属性面板"滤镜"下方第一个图标"添加滤镜"，点选模糊，将其 X、Y 值均设置为"10"。

　　按 Ctrl + S（保存），Ctrl + 回车（测试影片）（图 14-2-9）。

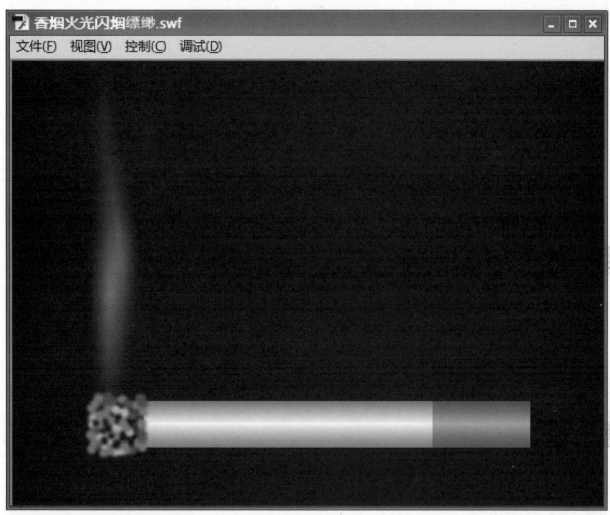

图 14-2-9

14.3 实训结语

　　本案例的实训，能让学习者了解图形元件和按键元件所独有的滤镜功能。但更重要的是让学习者懂得有些动画效果是需要图形元件和影片剪辑元件的综合运用的。这也是 Flash 看似简单，却能呈现丰富动画效果的关键所在。

实训 15：制作按钮控制播放

15.1 案例介绍

本实训案例将让操作者了解并掌握按钮元件的制作，并通过控制播放部分的实训，初步了解常见动作的使用及效果。

15.2 实训过程

打开 Adobe Flash CS6 软件，点击"ActionScript 3.0"，"打开"（如已在操作界面，可直接按快捷键 Ctrl + O 打开）。找到之前实训作品"振翅后滑翔的海鸥"的存储位置，点击并按回车。按快捷键 Ctrl +

图 15-2-1

Shift + S（另存为），命名为"制作按钮控制播放"。点击菜单中"插入 / 场景"，舞台左上角会出现新的默认场景名"场景 2"。再点击菜单中"窗口 / 其他面板 / 场景"，在弹出的对话框中，可以双击场景名进行更改，也可点击某一场景，然后点击正面的垃圾筒图标删除。现在要做的是按住"场景 2"前面的场景图标向上拖，使其位于"场景 1"的上面。如此，将来在影片播放时，就会先播"场景 2"再播"场景 1"（图 15-2-1）。

按快捷键 Ctrl + O（打开），找到之前实训作品"一笔画鸭过程演示"的存储位置，点击并按回车。左手按住 Shift 键，右手持鼠标点击第 1 帧，再点击第 90 帧，当所有 90 帧都被选中后，右键点选"复制帧"。回到"制作按钮控制播放"文件"场景 2"中，右键点击第 1 帧，点选"粘贴帧"。新建图层并更名为"按钮"。用椭圆形工具在舞台右下角画一个没有边框的红色正圆。右键点击该正圆，点选"转换为元件"。

图 15-2-2

在弹出的对话框中"名称"后输入"表情按钮"，在下面的"类型"中选择"按钮"（图 15-2-2）。

双击双击该正圆进入该"按钮"元件编辑状态。在圆中用线条工具画有眼睛和嘴的平静表情符号。连

图 15-2-3

续按三次 F6 键为后 3 帧"插入关键帧"（按钮元件中只有 4 帧，"弹起"中的图形将是按钮未来常态下的样子，"指针经过"中的图形将是鼠标经过时或将光标置于该按钮上时变成的样子，"按下"是鼠标键按下时变成的样子，"点击"中的图形轮廓将是鼠标响应"指针经过"和"按下"的范围）。点击"弹起"帧，用选择工具将直线变为弧线，设计成一个哭脸的表情。点击"指针经过"帧，将圆形的颜色改为橙黄色，点击"按下"帧，按前述办法，将其设计成笑脸状态，并将圆形的颜色改为绿色（图 15-2-3）。

如果如果此时还想在其中某一帧添加一个动态效果，可新建图层并更名为"动画"。右键点击"指针经过"

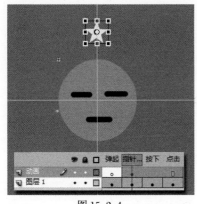

图 15-2-4

下方，点选"插入关键帧"。用多边形工具（选择绘制对象）画一个没有边框的黄色"五角星"。按快捷键Ctrl + Alt + Shift + R（显示标尺），用任意变形工具点选"表情按钮"，分别拖出垂直、水平辅助线，使其交叉于该按钮中点。再用任意变形工具点选"五角星"，并使其中心位于垂直辅助线上（图 15-2-4）。

右键右键点击该"五角星"，点选"转换为元件"。在弹出的对话框中"名称"后输入"星旋转"，在下面的类型中选择"影片剪辑"。双击该"五角星"，进入该影片剪辑元件编辑页面。右键点击第 60 帧，点选"插入关键帧"。右键点击第 1 帧和第 60 帧之间任意一帧，点选"创建传统补间"。分别用任意变形工具点击第 1 帧和第 60 帧，并将其中心点移到辅助线交叉点。点击第 1 帧，在属性面板"旋转"后点选"顺时针"，其后的数值设置为"1"（图 15-2-5）。

图 15-2-5

点击舞台左上角"表情按钮"图标，返回该按钮元件编辑页面。分别右键点击"星"图层"按下"帧和"点击"帧，点选"插入空白关键帧"（图 15-2-6）。

图 15-2-6

点击舞台左上角"场景 2"图标，返回到场景中。此时若按快捷键 Ctrl + 回车（测试影片），呈现出的是从"一笔鸭"动画到"海鸥"动画的循环播放。假设"一笔鸭"动画是动画的片头，那么"海鸥"动画则是动画的正片。这两段动画结束后都应有个停止。现在就开始设置"停止帧"。点击"一笔鸭"图层第 90 帧，按快捷键 F9 键，在弹出的对话框中，点击最上一排右边的"代码片断"。再双击其下"时间轴导航"中的"在此帧处停止"。点击右上角"×"（关闭"动作"）（图 15-2-7）。点击"按钮"，按快捷键 Ctrl + C（复制）。

图 15-2-7

点击舞台右上角"场景"图标，选择"场景 1"后，进入该场景（图 15-2-8）。以上述方法为该场景的第 90 帧设置"停止帧"（设置成功后，会在图

图 15-2-8

层上方自动生成一个"Actions"图层，在停止帧处还会出现一个 a），点击右上角"×"（关闭"动作"）。新建图层并更名为"按钮"。右键点击第 90 帧，点选"插入关键帧"，按快捷键 Ctrl + Shift + V（粘贴到当前位置）。

此时若按快捷键 Ctrl + 回车（测试影片），"一笔鸭"动画播放完毕后即停止，不再继续播放下一个场景"海鸥"动画。当光标经过或移到按钮上时，按钮将变成"指针经过"帧的橙黄色平静表情的状态，黄星则围绕着中心不停地旋转。这时，当按下鼠标左键时，它又会变成绿色的笑脸表情（图15-2-9）。

关闭"测试影片"。回到"场景 2"，点击"按钮"，按快捷键 F9 键，在弹出的对话框中，点击上排右边的"代码片断"。此时，可以双击"时间轴导航"中的"单击以转到下一场景并

图 15-2-9

图 15-2-10

播放"。如果场景较多，要跳到某个指定场景并播出，可双击其中的"单击以转到场景并播放"。无论选择哪种方式，都会首先弹出一个对话框，需要在空白栏中输入响应动作的按钮名"表情按钮"。

然后点击"确定"（图 15-2-10）。

接下来显现在代码区域中的内容中，需要将最下边的场景名称改为"场景 1"（从 gotoAndPlay 到括号结束，此代码表示点击当前场景中"表情按钮"后，将跳到"场景 1"中的第 1 帧

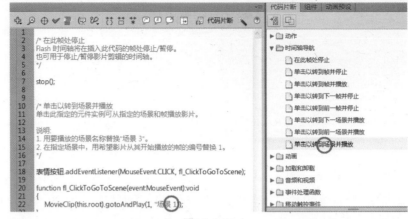

图 15-2-11

播放）（图 15-2-11）。按此方法，点击"场景 1"中的按钮，做同样的动作设置，只是要将场景名更改为"场景 2"（注意场景和数字之间会有一个半角空格，如果在更改场景名时，这个半角空格被删除，将无法执行相关命令）。

图 15-2-12

点击点击 Ctrl + S（保存），Ctrl + 回车（测试影片）（图 15-2-12）。

15.3 实训结语

本实训讲述了按钮的制作（包括四帧的含义），以及时间轴上停止帧和按钮元件控制指定从哪个场景中的哪一帧开始播放的代码编写。但其中，按钮中的一个要以动画的形式加入，再次强调影片剪辑元件不受被使用场景或元件的时间轴时间控制，正是因为它有着这样的特点，才能在这里使用。如果此处用的是图形元件，它在场景中所呈现的只能是一帧，而不是现在所看到的循环往复的动画。

实训 16：鼠标移动雪花飘落

16.1 案例介绍

这是一个综合了三种类型元件的趣味互动实训案例，若能透彻地理解实训中为什么选择某个类型的元件而不选择另外两个类型的元件，学习者便真正了解了这三个类型元件的本质区别。

16.2 实训过程

打开 Adobe Flash CS6 软件，点击"ActionScript 3.0"新建文件。按 Ctrl + S（保存），命名为"随鼠标移动雪花飘落"（如已在操作界面，可直接按快捷键 Ctrl + N 新建）。

图 16-2-1

用选择工具点击舞台空白处，通过点击属性面板"舞台"旁的色块，为舞台设置一个蓝色背景。点击菜单中"插入 / 新建元件"，在弹出的对话框中的"名称"后输入"雪花"，在下面的"类型"中选择"图形"。选用椭圆形工具（不选绘制对象）画一个无边的白色圆点。左手按住 Shift 键、Alt 键，右手将光标移到圆点上，按住鼠标左键向下拖拽到适当位置，然后释放按键和鼠标左键，在垂直方向复制、粘贴一个新的圆点。用线条工具（选择绘制对象）在两个圆点之间画一条垂直线。按快捷键 Ctrl + A（全选），点开对齐面板使它们居中对齐，再按 Ctrl + B（解组）。点开变形面板，在"旋转"下方输入"60"，连续点击"重制选区和变形"，制作完成"雪花"（图 16-2-1）。

点击菜单中"插入 / 新建元件"，在弹出的对话框中的"名称"后输入"雪花飘落"，在下面的"类型"中选择"图形"。从"库"中将"雪花"图形元件拖出，更改图层名为"雪花"。右键点击该图层，点选"添加传统运动引导层"。在该"引导层"，用线条工

图 16-2-2

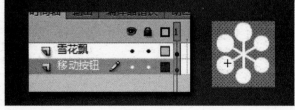

图 16-2-3

具（不选绘制对象），自"雪花"中点画一条垂直线，再画一条水平线中分垂直线，用选择工具以直线变弧线的方法，将垂直线变成 S 形曲线（如"香烟火光闪烟缥缈"实训中的做法）。确认 S 形曲线没有问题后，双击水平线，按 Delete 键删除。点击"引导层"第 60 帧，按 F5 键"插入帧"。点击"雪花"图层第 60 帧，按 F6 键"插入关键帧"。将"雪花"中心点移至 S 形曲线下端点，左手按住 Shift 键，点选任意变形工具，将光标移到变形框右上角，按住鼠标左键向中心拖，同比例适当缩小。点击"雪花"图层第 1 帧，在属性面板中"旋转"旁点选"顺时针"，

并在其右侧输入"1"。点击第 60 帧"雪花"，在属性面板"色彩效果"下的样式中点选"Alpha"，并在其下输入"0"（完全透明）（图 16-2-2）。

点击菜单中"插入 / 新建元件"，在弹出的对话框中的"名称"后输入"鼠标响应"，在下面的"类型"中选择"影片剪辑"。更改图层名为"移动按钮"，新建图层并更名为"雪花飘"。从"库"中将"雪花飘"图形元件拖入"雪花飘"图层。点击"移动按钮"图层，用矩形工具，依照"雪花"相同大小和位置，画一个任意颜色的正方形（图 16-2-3）。

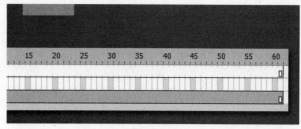

按住"移动按钮"图层，将其移到"雪花飘"图层上方。右键点击该正方形，点选"转换为元件"。在弹出的对话框中的"名称"后输入"移动按钮"，在下面的"类型"中选择"按钮"。点击"确定"进入按钮元件设置后，按三次 F6 键"插入关键帧"。点

图 16-2-4

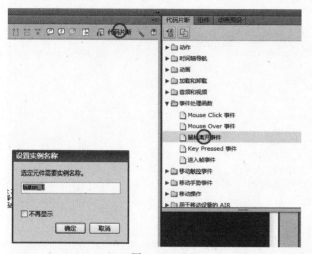

图 16-2-5

击左上角"鼠标响应"名称前影片剪辑图标，返回到"鼠标响应"影片剪辑元件编辑页面。按住"雪花飘"图层第 1 帧，将其拖到第 2 帧。此时第 1 帧变为空白关键帧（表明该图层第 1 帧没有图形）。点击第 61 帧，按 F5 键"插入帧"（"雪花飘"图形元件中完整的雪花飘落为 60 帧，此时该元件将从"鼠标响应"影片剪辑元件中的第 2 帧开始，因此，到本图层第 61 帧时才能完成"雪花飘"的全部动作）。点击"移动按钮"图层第 1 帧，按 F9 键，点选"动作"对话右上角"代码片断"。点击"时间轴导航"前面的黑三角后，双击"在此帧处停止"（图 16-2-4）。

点击"移动按钮"，按 F9 键，点选"动作"对话右上角"代码片断"。点击"事件处理函数"前面的黑三角后，双击"鼠标离开事件"。在弹出的对话框中输入按钮名称"移动按钮"（图 16-2-5）。

图 16-2-6

将代码中 ｛｝中 trace 之前的说明文字全部删除，选择"trace"并将其替换为"gotoAndPlay"（注意大小写，同时还须确认其仍为蓝字）。在其后的（）内输

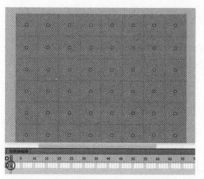

图 16-2-7

入"2"。结合前面停止帧的设置，其全部代码意思是，当"鼠标响应"影片剪辑元件在场景中使用时，因第 1 帧是停止帧，所以只能呈现"移动按钮"的样子。当鼠标经过该按钮后，会跳到"鼠标响应"影片剪辑元件中的第 2 帧并播放（图 16-2-6）。

点击点击舞台左上角场景图标，返回场景。将"鼠标响应"影片剪辑元件从"库"中拖出，并放置在舞台左上角，左手同时按住 Shift 键、Alt 键，右手将光标移到"鼠标响应"影片剪辑元件上，按住鼠标

图 16-2-8

左键将其复制、粘贴到紧邻它的右侧。按快捷键 Ctrl + A（全选），以上述方法将两个"鼠标响应"影片剪辑元件并排复制、粘贴成四个。

复制一排后，按快捷键 Ctrl + A（全选），用任意变形工具将其缩到与舞台同宽。继续用上述方法向下复制、

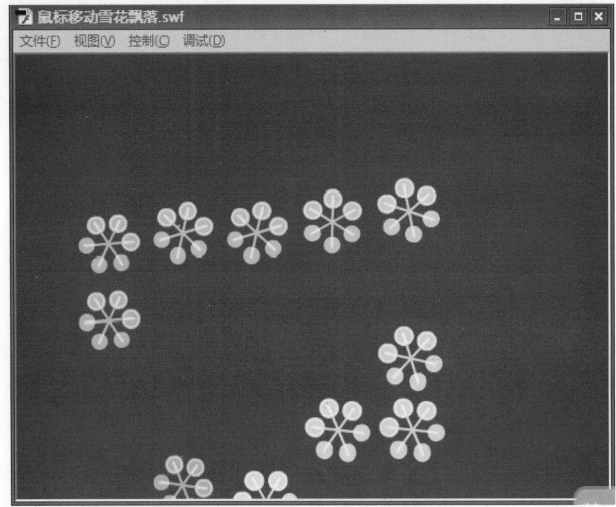

图 16-2-9

粘贴，直至排满整个舞台。全选后如图 16-2-7 所示。

　　双击任意一个"鼠标响应"影片剪辑元件，进入该元件编辑页面。点击"移动按钮"，在属性面板"色彩效果"下的样式中点选"Alpha"，并在其下输入"0"（完全透明）（图 16-2-8）。

　　按 Ctrl + S（保存），Ctrl +回车（测试影片）（图 16-2-9）。

16.3 实训结语

　　本实训可以让学习者感受到互动功能带来的神奇效果，同时，还必须理解选择各种元件类型的缘由。用图形元件做"雪花飘"是因为它可以在其他的时间轴被控制。用按钮元件是因为它可以响应"动作"中的代码"指令"。用影片剪辑元件做"鼠标响应"，是因为它被使用时，虽然只有 1 帧，却能呈现元件中完整的动画过程。因此，这个实训对于者区分并理解三个元件类型起着非常重要的作用。

实训 17：骨骼绑定角色行走

17.1 案例介绍

　　"骨骼绑定"是从 Flash CS4 诞生后新增加的一个功能。虽然这一工具并不是很成熟，但它却是一个极具前景的工具。从目前的情况看，它更适用于没有描边的图形的骨骼绑定动画制作。本实训案例会让学习者了解到两种不同的骨骼绑定使用方法。

17.2 实训过程

　　打开 Adobe Flash CS6 软件，点击"ActionScript 3.0"新建文件。按 Ctrl + S（保存），命名为"骨骼绑定角色行走"（如已在操作界面，可直接按快捷键 Ctrl + N 新建）。

　　因本实训案例要做成高清动画视频，因此，首先需在属性面板中，将舞台大小更改为宽 1208 像素，高 720 像素。若要适应于电影播出，需将帧频更改为 24 帧 / 秒；若要适应于 PAL 制式电视播出，需将帧频更改为 25 帧 / 秒；若要适应于 NTSC 制式电视播出，需将帧频更改为 30 帧 / 秒。

图 17-2-1

　　点击菜单中"插入 / 新建元件"，在弹出的对话框中的"名称"后输入"原地走"，在下面的"类型"中选择"图形"。将图层更名为"头"，绘制一个戴摩托车头盔的头。新建图层，并将其拖到"头"图层下更名为"脖子"，绘制"脖子"。新建图层，并将其拖到"脖子"图层下更名为"身体"，绘制"身体"。在"脖子"图层上方新建图层并更名为"右臂"，绘制右臂（此为非组合图形）（图 17-2-1）。

图 17-2-2

　　新建图层并更名为"左大腿"，如图 17-2-2（图 1）所示，用椭圆工具（对象绘制），绘制一个无描边的、正圆的"膝关节"。再以同样的方法画出椭圆形的"胯部"后，用直线连接两个图形，并将直线改为曲线（图 17-2-2 图 2）。点击"膝关节"的圆形，按 Ctrl + C（复制）。点击本图层第 1 帧，按 Ctrl + B（解组），用颜料桶工具填充"左大腿"空白处，分别点选并删除两条连线（图 17-2-2 图 3）。新建图层并更名为"左小腿"，按 Ctrl + Shift + V（粘贴到当前位置），以与之前相似的方法绘制"小腿"（图 17-2-2 图 4）。新建图层并更名为"左脚"，绘制"鞋子"（图 17-2-2 图 5）。

　　点击"右臂"图层第 1 帧，右键点击该图层，点选"转换为元件"。在弹出的对话框中的"名称"后输入"臂膀"，在下面的"类型"中选择"图形"。双击该元件进入编辑状态，点选骨骼绑定工具，如图 17-2-3（图

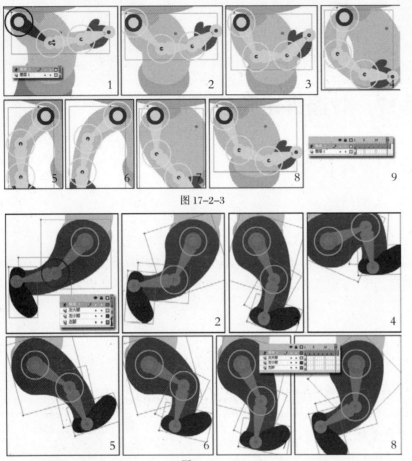

1）所示，添加"骨骼"（此时，"图层1"已变成空白关键帧，同时新增一个名为"骨架"的图层）。然后右键点击"骨架"图层第3帧，点选"插入姿势"，用选择工具调节至图2所示动作。按此方法，分别在第5、7、9、11、13、15帧"插入姿势"，并调整其"骨骼"动作。右键点击第16帧，点选"插入帧"。

点击点击舞台左上角"原地走"，回到"原地走"图形元件编辑状态。左手按住Shift键，右手用鼠标连续点击"左大腿"、"左小腿"、"左脚"第1帧，确定这3帧都被选中后，右键点击其中任意一帧，点选"剪切帧"。

点击点击菜单中"插入/新建元件"，在弹出的对话框中的"名称"后输入"腿"，在下面的"类型"

图 17-2-3

图 17-2-4

中选择"图形"。右键点击图层1第1帧，点选"粘贴帧"。点击舞台左上角"原地走"，回到"原地走"图形元件编辑状态。点击"左腿"，图层已变成空白关键帧的第1帧，将"腿"的元件从"库"中拖出，并放置到合适位置。双击"腿"，进入"腿"元件编辑状态。由于将不同图层的图形进行骨骼绑定的前提条件是这些图形必须是元件，因此，需分别点击"大腿"、"小腿"、"鞋"，并依次将这三个图形"转换为元件"（图形）："大腿"、"小腿"、"鞋"。用骨骼绑定工具如图17-2-4（图1）绑定。依次点击第3、5、7、9、11、13、15帧"插入姿势"，并如图17-2-4调整其"骨骼"动作。

复制"右臂"图层第1帧至"左小腿"图层第1帧。

图 17-2-5

此时，"左小腿"名称自动变更为"右臂"，将其更名为"左臂"。如图17-2-5所示，隐藏其他所有图层，点击"左臂"，点选属性面板，更改第一帧为"9"（图1）。显示全部图层，向右略微移动"臂膀"。复制"左腿"图层第1帧至"左脚"图层第1帧。此时，"左脚"名称自动变更为"左腿"，将其更名为"右腿"。移动"右腿"图层至"左腿"图层上。点击"右腿"，点选属性面板，更改第一帧为"9"。

拉一条辅助线，使其穿过后"鞋尖"和前"鞋跟"。在所有图层中的第4、6、9、13帧"插入关键帧"，

图 17-2-6

将各帧所有图层中的图形全部选中，移动到如图17-2-6所示位置，并根据运动规律适当调整头部和上身的

角度。

在制作动画时，为了遮挡住舞台以外的图形，以便更好感受到未来画面中的动画，通常会做一个较宽的黑色边框。现在，让我们回到场景中先制作这样的边框。更改图层名为"边框"。用矩形工具（不选对象绘制）任意画一个黑色矩形。点击该图形，在属性面板中如图

图 17-2-7

图 17-2-8

17-2-7 更改其位置和大小。更改后，点选并复制该矩形。用任意变形工具，同比例放大该矩形至合适大小。按 Ctrl + Shift + V（粘贴到当前位置），点选颜料桶工具中黑色以外任一颜色（图 17-2-8）。点击图形外空白处后点击中心矩形，

按 Delete 键删除。锁定该图层。

新建图层并更名为"行人"。将其拖到"边框"图层下。点击"边框"图层最右边的彩色正方形图标，使该图层显示为轮廓。从库中拖入"原地走"元件，置于画左适当位置，并调整到适当大小。新建图层并更名为"路"，用矩形工具绘制一个无描边矩形。将其拖到图层最下面的位置。分别右键点击"边框"和"路"这两个图层的第 60 帧"插入帧"。右键点击"边框"和"路"

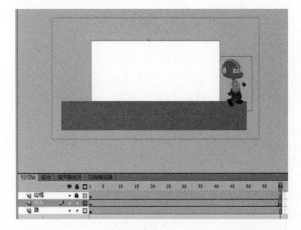

图 17-2-9

将两个图层的第 60 帧"插入关键帧"。水平移动"原地走"元件到舞台右侧外。点击"边框"图层最右边的彩色正方形图标，使该图层变为非轮廓显示状态。右键点击"行人"图层第 1 帧至第 60 帧中任意一帧（图17-2-9），点选"创建传统补间"。

按 Ctrl + S（保存），Ctrl + 回车（测试影片）（图 17-2-10）。

图 17-2-10

17.3 实训结语

本实训可以让学习者初步了解并认识 Flash 中的骨骼绑定工具。然而，骨骼绑定只是个工具，要想做出流畅的动作，还需有很强的运动规律知识。

常用快捷键

新建	Ctrl + N
打开	Ctrl + O
存储	Ctrl + S
另存为	Ctrl + Shift + S
导入	Ctrl + R
关闭	Ctrl + W
退出	Ctrl + Q
复制	Ctrl + C
剪切	Ctrl + X
粘贴	Ctrl + V
标尺	Ctrl + Shift + Alt + R
放大视图	Ctrl + =
缩小视图	Ctrl + –
视图最大化	Ctrl + 3
新建元件	Ctrl + F8
组合	Ctrl + G
解组、分离	Ctrl + B
测试影片	Ctrl + 回车
插入帧	F5
插入关键帧	F6
动作	F9

课外练习题

实训1：认识Flash操作界面

课题名称：四个容易混淆问题的对照练习

训练内容：1. 分别用铅笔和笔刷工具画两条直线，通过部分选取工具、直线变曲线等方法感受两者之间的区别。2. 分别点选或不点选描绘对象工具画两个正圆，用选择工具选择图形，观察其区别。再分别对其做解组和建组，观察其变化和区别。3. 用组合图形做一个移动的动画，在两个关键帧中创建传统补间。用非组合图形做一个方变圆的动画，在两个关键帧中创建补间形状。感受其补间的区别。4. 分别做两个相同的移动动画元件，一个是图形元件，一个影片剪辑元件，分别将其拖入场景中，通过设置不同时长的结束帧，观察其区别。

要求：严格按照实训中所描述的步骤练习。

实训2：角色描绘及其填色

课题名称：描线并为角色填色

训练内容：扫描书中的萌女孩角色造型草图，然后按实训2中介绍的方法为角色描线、填色。

要求：1. 严格按照步骤完成。2. 描绘过程中要理解分层的作用以及选用各种工具所产生的效果。

实训3：卡拉OK变色字

课题名称：制作卡拉OK变色字

训练内容：1. 任意输入一行文字。2. 按实训3中介绍的步骤完成变色字效果制作。

要求：1. 理解各图层之间的关系。2. 初步认识遮罩层的原理和效果。

实训4：放大镜中的放大字

课题名称：制作放大镜中的放大字

训练内容：1. 任意输入一行文字。2. 按实训4中介绍的步骤完成放大字效果制作。

要求：1. 理解各图层之间的关系。2. 进一步认识遮罩层的原理和效果。

实训5：参差摇曳的向阳花

课题名称：制作参差摇曳的向阳花

训练内容：1. 制作向阳花。2. 制作参差摇曳的向阳花。

要求：1. 理解"第一帧"的用法。2. 掌握添加形状提示工具。

实训6：虚拟三维地球旋转

课题名称：虚拟三维地球旋转

训练内容：1. 绘制一幅首尾重复的地球展开图。2. 制作一个虚拟三维地球旋转的动画。

要求：1. 感受遮罩与"第一帧"结合所产生的特殊效果。2. 体验虚拟三维效果产生的原因。

实训7：振翅后滑翔的海鸥

课题名称：振翅后滑翔的海鸥

训练内容：1. 逐帧绘制海鸥振翅全过程。2. 按步骤完成实训中的动画。

要求：1. 学会路径和洋葱皮工具的使用。2. 熟悉"只循环一次"的效果。

实训 8：一笔画鸭过程演示

课题名称：一笔画鸭过程演示

训练内容：按步骤完成实训中的动画。

要求：了解线条绘制过程是如何制作或逐帧动画的。

实训 9：绕树飞行的纸飞机

课题名称：绕树飞行的纸飞机

训练内容：1.制作纸飞机及原地旋转变化。2.按步骤完成实训中的绕飞动画。

要求：1.掌握绕飞运动路径的设置。2.懂得绕飞中分图层画景原理。

实训 10：两只蝴蝶渐飞渐远

课题名称：渐飞渐远的两只蝴蝶

训练内容：1.制作一只原地扇动翅膀的蝴蝶。2.按步骤完成实训中的渐飞渐远动画。

要求：学会元件应用中，颜色选项中的色调改变和透明度变化。

实训 11：皮球自由落下弹起

课题名称：皮球自由落下和弹起

训练内容：按步骤完成实训中皮球落下和弹起的动画。

要求：掌握加速、减速运动的设置。

实训 12：汽车移动车轮旋转

课题名称：汽车移动中车轮旋转

训练内容：按步骤完成实训中的旋转动画。

要求：认识旋转工具的使用和设置。

实训 13：时针分针旋转追逐

课题名称：时针分针的旋转追逐

训练内容：按步骤完成实训中的旋转动画。

要求：进一步认识和掌握旋转工具的使用和设置。

实训 14：香烟火光闪烟缥缈

课题名称：香烟火光闪烁烟飘缈

训练内容：按步骤完成实训中的烟飘渺动画。

要求：1.巩固图形元件"第一帧"工具的使用。2.掌握影片剪辑元件中模糊滤镜的使用。

实训 15：按钮制作控制播放

课题名称：按钮的制作和控制播放

训练内容：1.制作一个按钮。2.按步骤完成实训中的控制播放动画。

要求：1.掌握按钮的制作和设置。2.理解其中插入的动画为什么只能是影片剪辑元件。3.初步了解播放控制。

实训 16：鼠标移动雪花飘落

课题名称：随鼠标移动雪花飘落

训练内容：1.画一朵雪花。2.按步骤完成实训中的控制雪花飘落动画。

要求：1.区分三种元件的不同。2.认识并掌握更为复杂的互动工具使用。

实训 17：骨骼绑定角色行走

课题名称：骨骼绑定的角色行走

训练内容：1.制作一个角色的身体。2.按步骤完成实训中的骨骼绑定角色行走动画。

要求：1.认识两种骨骼绑定选择前提的不同。2.掌握骨骼绑定控制动作的方法。

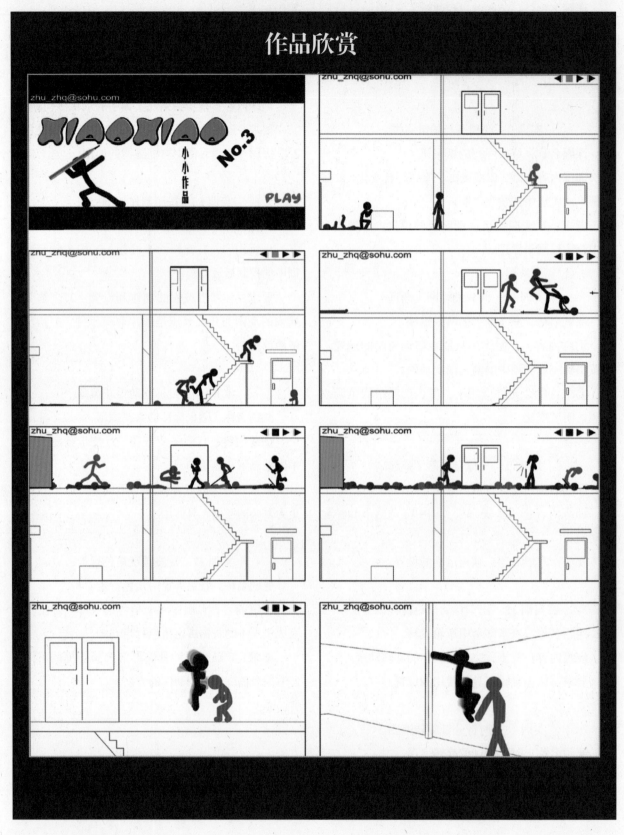

　　小小为国内最早的知名闪客。虽为计算机从业人员，但其 Flash 动画作品《小小》一经推出便迅速走红网络。尽管其角色造型只是俗称的概念型的"火柴人"，但其作品中的角色动作特别流畅且富有运动的张力，使观众有一种观赏武打大片的感觉。因该作品有着较大的网络影响力，故此后又被开发成二维游戏，并深受一部分玩家的喜爱。

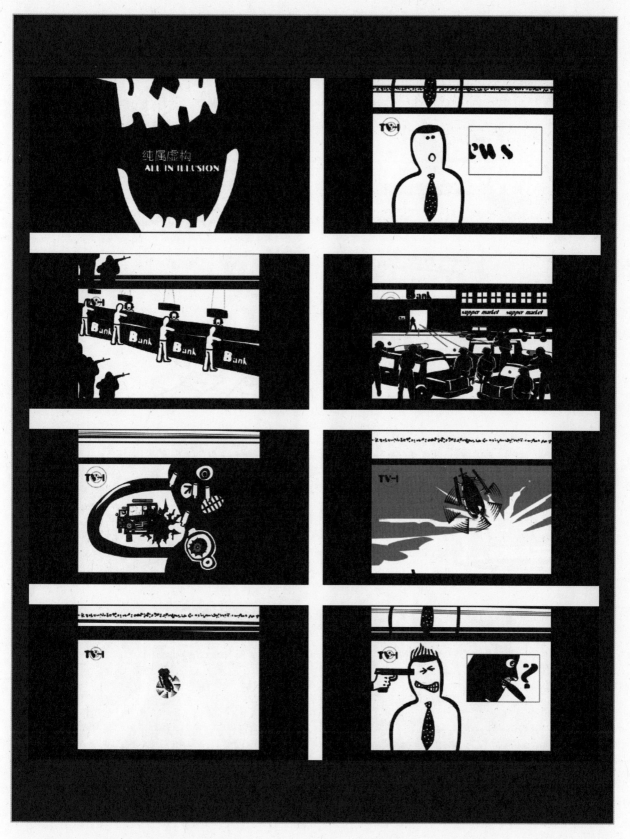

　　老蒋因其扎实的美术基本功而创造出了许多有影响的 Flash 动画作品，如根据崔健的《新长征路上的摇滚》创作的 MV。上面的作品名为《强盗的天堂》。虽为戏谑式的作品，但全片节奏感强，镜头语言丰富，角色造型生动，颇有警匪大片的感觉。老蒋的作品均呈现出木版画风格。本片更是以黑、白、红三色贯穿全片，给人强烈的视觉冲击力。

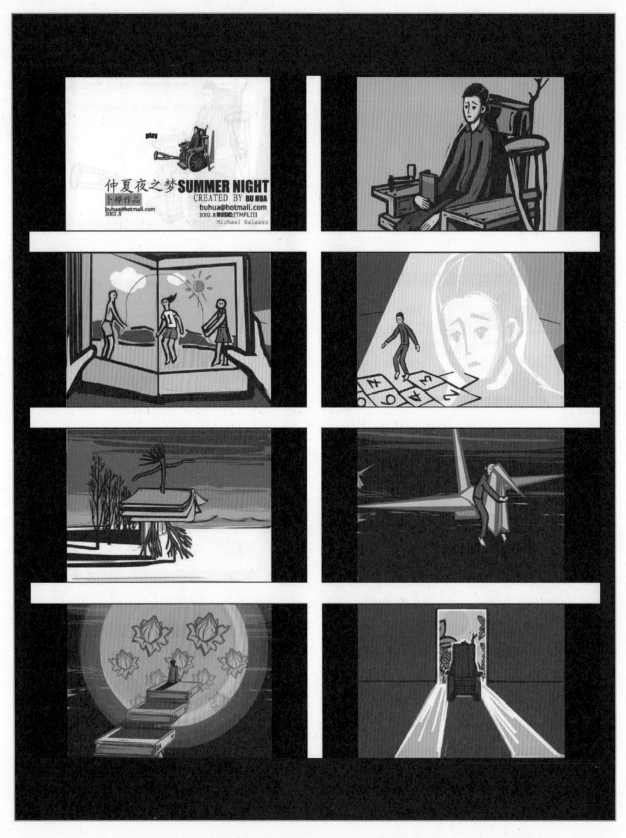

　　与老蒋一样，运用木版画形式创作 Flash 动画的还有卜桦。她最具影响力的作品是上面这部《仲夏夜之梦》。全片以平和、温婉的调性，讲述了一个双腿残疾的少年由忧郁变得开朗的过程。其中，对角色梦境的表现极富浪漫主义风格和色彩。粗犷如刀刻的笔触、柔和的色调，产生了一种刚柔并济的艺术效果。

　　和老蒋、卜桦一样，拾荒也是一位有着扎实美术功底的 Flash 动画创作者。他所塑造的小破孩和小丫形象，已成为中国动画艺术长廊中的知名动画角色。他们也是他的系列动画片中不变的主角。拾荒常常将许多名著中观众耳熟能详的桥段重新改编、演绎，使其富有新趣味。上面的《景阳岗》便是其中最知名的一部。

这是哈尔滨学院艺术与设计学院05级动画班学生李世伟的毕业创作。该片表现的是一群活泼的儿童，为帮助清雪工人而创造了一台吸雪机，但却引来许多享受冰雪情趣人的不满，并最终通过从飞机上向下洒雪使那些人重享冰雪乐趣。全片造型独特、风格清新、动作流畅，极富东北地域特点。

　　这是哈尔滨学院艺术与设计学院 05 级动画班学生徐建发的毕业创作。该片借鉴《水浒传》中景阳岗打虎故事中的部分元素，重新创作出一个兔子因喝多了而醉卧于景阳岗，在即将被虎吃掉时，却因一个臭屁而使老虎毙命，从而成为兔中英雄的故事。片中拟人化的动物造型极富趣味性。

　　这是哈尔滨学院艺术与设计学院06级动画班学生鲍玉娟的课程作业。该片主要是根据其原创的四格漫画作业改编而成的。该片讲述了一个老人因摘不到树上的果子而用脚踹树，而后，又因踹树后果子掉落的启发，而戴上头盔撞树求果的幽默小故事。该片虽短，却起、承、转、合完整，极富戏剧效果。

　　这是哈尔滨学院艺术与设计学院 10 级动画班学生李海博、李娜、胡庆禹的毕业创作。该片借鉴了民间木版年画的艺术表现形式。虽然故事中的鼠、猫、狗是动画片中最常出现的三种动物角色，但该片中的形象却与其他同类动物动画形象无论是形体还是色彩都截然不同。

　　这是作者借鉴民间剪纸艺术表现形式创作的表现当代空巢老人现象的 Flash 动画短片。该片采用民间剪纸常用的鱼戏莲的方式表达男欢女爱，用巢中哺育幼鸟的方式抽象地表现男女主人公抚养孩子长大、离开。虽然表现的是当代社会问题，但为了与剪纸风格相吻合，其娶亲场面则选择的是传统结婚元素，如吹唢呐、抬花轿等。

　　这是作者与唐衍武老师合作完成的动画短片《葫芦的故事》。故事取材于《孟子》中的一则寓言故事。整个作品在造型方面主要借鉴的是民间剪纸的一些造型元素，而用色上主要采用民间木版年画的用色方法。故事讲述了正当主人公准备砸掉大而无用的葫芦时，被孟子阻拦，并启发他可借此浮于水面，以此告诉人们任何事物都各有所长，关键在于发现和利用。

结 束 语

　　从目前的情况看，若想做出更细腻的动作变化，即使是用 Flash 制作动画片，仍需按运动规律逐渐绘制。使用 Flash 所带来的便利是：（1）如果是一个角色的移动行走，只需做出该角色原地走的单循环动作元件，然后通过移动该元件便可以轻易实现。（2）如果想让这个角色向反方向行走，只需通过水平翻转元件，便可以实现。（3）若要角色身体中的某个局部不动，便可单建一个图层，以免每个动作变化时都画一遍。（4）如某个局面包含角度上而非形态上的变化，可利用任意变形工具中的"旋转"完成。

　　由此可见，Flash 仍是一款可以大大地提高二维动画制作效率的软件。如果学习者能熟练制作本书中的 17 个实训案例，并理解其中制作的缘由，便会很快掌握该软件。值得一提的是，如要制作用于电视播出的、需要加入某些特效的视频文件，最好将制作的动画分段导出形成序列文件，然后用非线性编辑软件合成，而不是直接用 Flash 制作完成。

参考文献：

［1］［美］Sandro Corsaro, Clifford J.Parrott.Flash 好莱坞 2D 动画革命［M］.第 1 版 .涂颖芳，熊炜，张骥，译 .北京：清华大学出版社，2006.

［2］［美］Mark Clarkson. 图形图像：Flash 5 卡通制作［M］.第 1 版 .王蕾，等，译 .北京：电子工业出版社，2001.